ENGINEER/INDUSTRIAL CIVIL ENGINEERING

No.1

최신판

최신 출제경향에 맞춘
최고의 수험서

적산·물량산출

토목

기사·산업기사 실기

이관석 · 조준호

이 책의 구성

- 토목기사 · 산업기사 실기시험대비
- 새로운 교과서와 새로 개정된 시방서 및 시공법에 따른 문제 수록

예문사

머리말

산업사회가 발전하고 눈부신 경제성장을 이룩하기 위해서는 철도, 도로, 상수도 항망, 관개배수 등을 구축하기 위한 토목공사가 대부분을 차지하고 있다. 이러한 공사의 설계 및 시공에 있어서 토목구조물에 대한 도면 작성 및 설계도를 기초부터 이해하기 쉽게 명시하여 기초실력이 없는 학생이라도 누구나 쉽게 이론과 원리를 습득할 수 있도록 많은 예제를 수록하였다.

본서는 전문대학에서의 교과서로써 집필하는데 주안점을 두었으나 토목기사 시험 준비를 하는 분들은 물론, 토목을 배우는 학생과 건설의 제일선에서 활약하는 중 역기술자의 참고서로써 도움이 되리라 믿는다. 특히, 새로운 교과서와 새로 개정 된 시방서 및 새로운 시공법에 의하여 새로운 문제들을 수록하였다.

본서를 활용하는 모든 수험생 여러분들께 합격의 영광이 있기를 기원하며 유능한 기술자가 되기를 바란다. 또한 본서의 내용 중 미비한 부분은 추후 수정·보완할 것을 약속드리며 선후배의 아낌없는 조언과 지도편달을 바란다.

본서가 나오기까지 여러 면에서 지도와 조언을 해주신 학교 선배님과 후배들, 그 리고 출판에 심혈을 기울여주신 예문사 직원 여러분께 깊은 감사의 뜻을 표한다.

저자 이관석

CHAPTER 01 | 옹벽구조물

CHAPTER 02 | 도로암거

CHAPTER 03 | 슬래브 교량 구조물

CHAPTER 04 | 도로교 하부 구조물

Chapter 01

CIVIL ENGINEERING DESIGN

옹벽구조물

SECTION 01 | L형 옹벽

조건 주어진 도면과 물량 산출 시 주의사항을 잘 읽고 다음 물량의 산출근거와 답을 주어진 답안지에 기록하시오.

1. 물량 산출

(1) 길이 1m에 대한 콘크리트량을 구하시오.(소수 세째자리에서 반올림)

(2) 길이 1m에 대한 거푸집량을 구하시오. 단, 양쪽 마구리면과 저판 상면노출부는 무시함.(소수 세째자리에서 반올림)

(3) 길이 1m에 대한 철근 물량표를 구하시오.(단, 철근의 단위중량은 $D_{13} = 0.995kg/m$, $D_{16} = 1.56kg/m$, $D_{19} = 2.25kg/m$, $D_{22} = 3.04kg/m$)

2. 철근의 배근간격

(1) W_1, W_2, W_3, W_4, F_2 철근은 250mm 간격으로 배근한다.

(2) H, F_1 철근은 각 125mm 간격으로 배근한다.

(3) F_3 철근은 200mm 간격으로 배근한다.

1 콘크리트량

(1) $A_1 = \triangle AGA' = 5 \times (5m \times 0.02) \times \dfrac{1}{2} = 0.25m^2$

(2) $A_2 = \triangle ABC'A' = 5 \times 0.35 = 1.75m^2$

(3) $A_3 = \square CDD'C' = (0.8 + 0.5) \times 0.3 \times \dfrac{1}{2} = 0.195m^2$

또는 $(0.5 \times 0.3) + \left(0.3 \times 0.3 \times \dfrac{1}{2}\right) = 0.195m^2$

(4) $A_4 = \square DEFD'$

$= (0.5 + 0.35) \times 2.25 \times \dfrac{1}{2} = 0.95625m^2$

$\longrightarrow 3 - (0.45 + 0.3)$

$A_1 \sim A_4 = 3.15125m^2$

$\therefore$ 콘크리트량 = 면적 × 길이

$= 3.15125m^2 \times 1m = 3.15m^3$

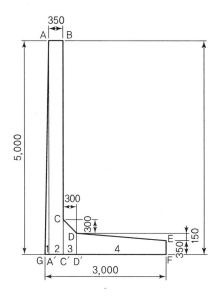

2 거푸집량

(1) $\overline{AG} = \sqrt{(5)^2 + (0.1)^2} = 5.001m$

$\longrightarrow 5 \times 0.02$

(2) $\overline{BC} = 4.2m$

(3) $\overline{CD} = \sqrt{(0.3)^2 + (0.3)^2} = 0.424m$

(4) $\overline{EF} = 0.35m$

(5) $\overline{DE} = $ 노출부 거푸집은 무시(시공이음에 의해 결정)

계 : 9.975m

$\therefore$ 거푸집량 = 9.975m × 길이(m) = 9.98m²

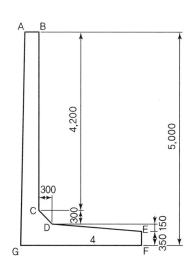

📧 철근 수량산출 및 철근표 작성

(1) W_1, W_2, W_3, F_2 철근은 250mm 간격 배근이므로

$$수량 = \frac{총길이}{간격} = \frac{1m}{0.25m} = 4개$$

(2) H, F_1의 철근 수량 : $\frac{총길이}{간격} = \frac{1m}{0.125m} = 8개$

(3) W_4 철근은 단면도 벽체에 해당하는 철근으로 '점'으로 표시되어 있는 것이 W_4철근에 해당된다.
(우측그림참조)
수량 = (간격수+1)×좌, 우 = (17+1)×2 = 36개
또는 직접 개수를 세어서 18개×2(좌, 우) = 36개

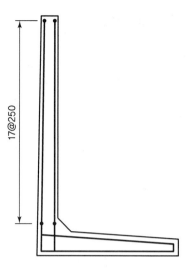

(4) F_3 철근은 단면도 저판에 해당하는 철근으로 점으로 표시되어 있는 것이 F_3철근에 해당된다.(그림참조)
F_3 = :: + (간격수+1)×상 · 하
$\quad$ = 4+(11+1)×2 = 4+24 = 28개
또는 14개×2(상 · 하) = 28개

(5) $S_1 = \dfrac{단면도의 \ S_1 갯수}{(W_1 W_2의 \ 간격) \times 2} \times 길이$

$\quad = \dfrac{4}{0.25m \times 2} \times 1m = 8개$

(6) $S_2 = \dfrac{단면도의 \ S_2 갯수}{F_2의 \ 간격 \times 2} \times 길이$

$\quad = \dfrac{5}{0.25m \times 2} \times 1m = 10개$

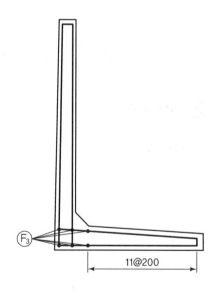

(7) 철근표 작성

기호	철근 직경(D)	본당길이 (mm)	수량	총길이 (mm)	단위중량 (kg/m)	총중량 (kg)	비고(t)
W_1	D_{13}	5,011	4	20,044			
W_4	D_{13}	1,000	36	36,000			
F_3	D_{13}	1,000	28	28,000			
S_1	D_{13}	439	8	3,512			
S_2	D_{13}	868	10	8,680			
소 계				96,236	0.995	95.755	0.0957
H	D_{16}	1,501	8	12,008			
소 계				12,008	1.56	18.732	0.0187
W_2	D_{19}	5,105	4	20,420			
W_3	D_{19}	2,555	4	10,220			
소 계				30,640	2.25	68.94	0.0689
F_1	D_{22}	3,320	8	26,560			
F_2	D_{22}	2,830	4	11,320			
소 계				37,880	3.04	115.155	0.115
총 계						298.582	0.298

☞ 본당길이＝철근 1개당 길이

총길이＝본당길이×수량

총중량＝총길이×단위중량

▣ 철근 배근도 및 수량

(1) 벽체 배근도

① W_1 철근

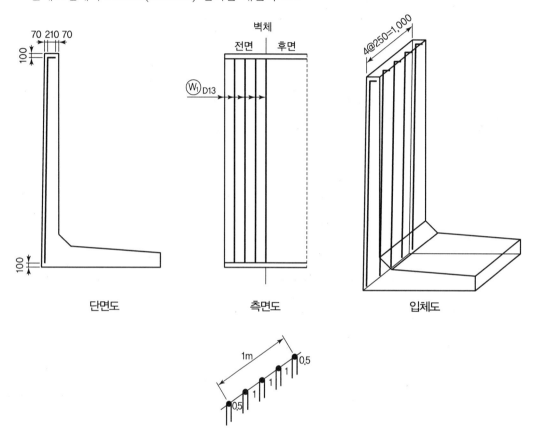

W_1 D13

210

4,801

문제조건에서 250mm(0.25mm) 간격을 배근하므로

단면도

측면도

입체도

$$W_1 = 0.5 + 1 + 1 + 1 + 0.5 = 4개, \text{ 또는 } W_1 = \frac{길이}{W_1간격} = \frac{1m}{0.25m} = 4개$$

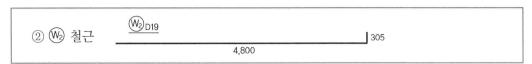

② Ⓦ₂ 철근

문제조건에서 250mm(0.25m) 간격으로 배근하므로

W₂ = W₁ 철근수량과 같다.

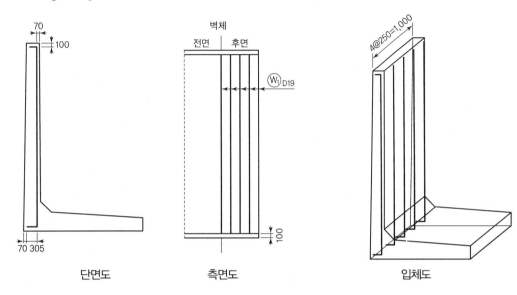

단면도   측면도   입체도

③ Ⓦ₃ 철근

문제조건에서 250mm(0.25m) 간격으로 배근하므로

W₃ = 4개

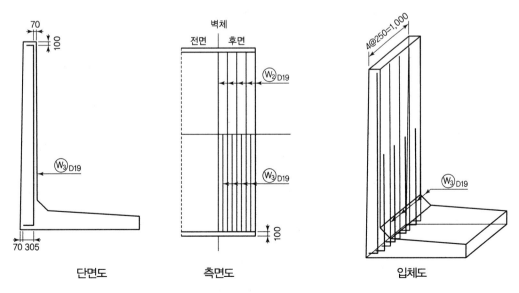

단면도   측면도   입체도

④ Ⓗ 철근

문제조건에서 125mm(0.125m) 간격으로 배근하므로

$$H철근수량 = \frac{길이}{H간격} = \frac{1m}{0.125m} = 8개$$

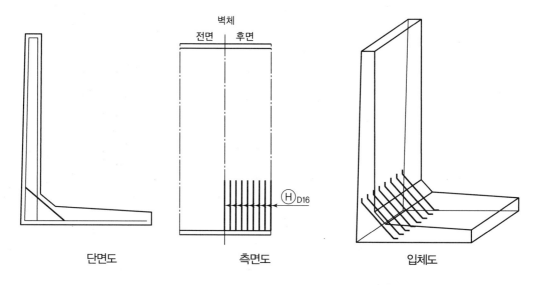

단면도　　　　　측면도　　　　　입체도

⑤ Ⓦ₄ 철근

$$W_4 \ 철근 = (간격수 + 1) \times (전, 후) = (17 + 1) \times 2 = 36개$$

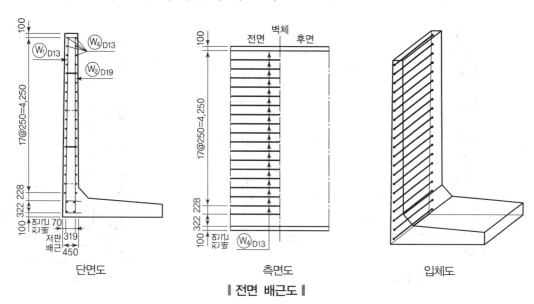

단면도　　　　　측면도　　　　　입체도

‖ 전면 배근도 ‖

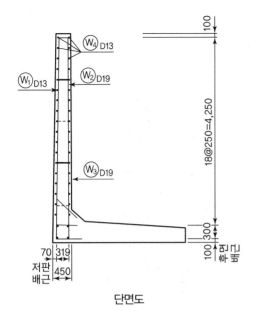

단면도

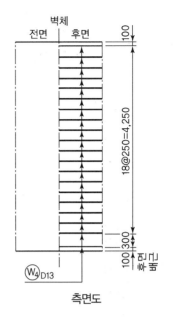

측면도

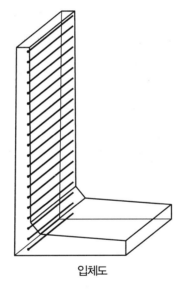

입체도

▌ 후면 배근도 ▌

⑥ S_1 철근

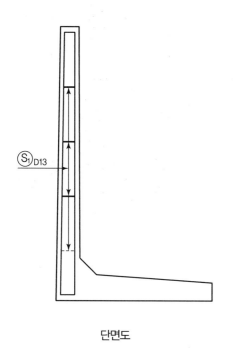

단면도

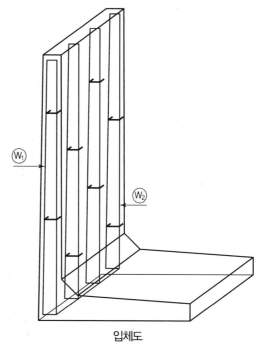

입체도

$$S_1 \text{ 철근수량} = \frac{\text{단면도 } S_1 \text{ 철근수}}{W_1 W_2 \text{중 큰 간격} \times 2} \times \text{길이}$$

$$= \frac{4}{0.25\text{m} \times 2} \times 1\text{m} = 8\text{개}$$

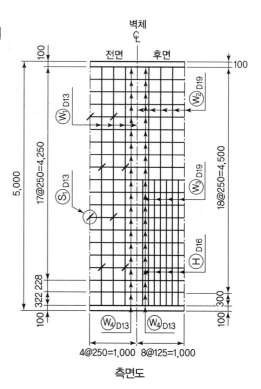

측면도

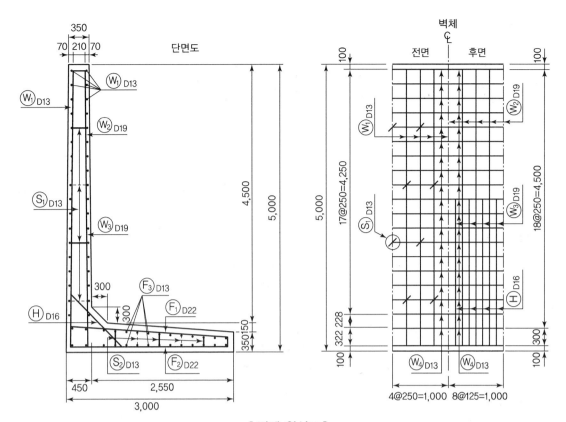

∥ 벽체 완성도 ∥

02 L형 옹벽(돌출부)

조건 주어진 도면과 물량 산출 시 주의사항을 잘 읽고 다음 물량의 산출근거와 답을 주어진 답안지에 기록하시오.

1. 물량 산출

(1) 길이 1m에 대한 콘크리트량을 구하시오.(소수 세째자리에서 반올림)

(2) 길이 1m에 대한 터파기량을 구하시오.(지형상태는 일반도를 참고로 하며 여유 폭을 50cm로 하여 돌출부와 저판에 여유 폭을 둔다)

(3) 길이 1m에 대한 거푸집량을 구하시오.(단, 양쪽마구리면과 저판 노출부는 무시함)

(4) 길이 1m에 대한 철근 물량표를 완성하시오.(단, 철근의 단위중량은 $D_{13} = 0.995$kg/m, $D_{16} = 1.56$kg/m, $D_{19} = 2.25$kg/m, $D_{22} = 3.04$kg/m, $D_{29} = 5.04$kg/m)

2. 물량 산출 시 주의사항

(1) 물량을 산출할 때 할증률은 무시한다.

(2) 물량 산출 답안지는 도면작도에 앞서 제한시간 이내에 산출하여야 한다. 또한, 답안지는 볼펜이나 만년필을 사용하여 작성한다.

3. 철근의 배근 간격

(1) W_1, W_2, W_3, F_3, F_2, K_2 철근은 250mm 간격으로 배근한다.

(2) W_4 철근 간격은 200mm 간격으로 한다.

(3) H, F_1, K_1 철근 간격은 125mm로 한다.

해설

1 L형 옹벽의 물량 산출

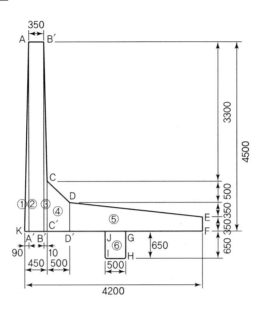

(1) 콘크리트량

① $A_1 = 0.09 \times 4.5 \times \dfrac{1}{2} = 0.2025 \text{m}^2$

  여기서, $0.09 = 4.5 \times 0.02$

② $A_2 = 4.5 \times 0.35 = 1.575 \text{m}^2$

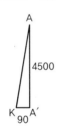

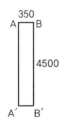

③ $A_3 = (4.5 + 1.2) \times 0.01 \times \dfrac{1}{2} = 0.0285 \text{m}^2$

  여기서, $1.2 = 0.35 + 0.35 + 0.5$

  $0.01 = 450 - (90 + 350)$

④ $A_4 = (1.2 + 0.7) \times 0.5 \times \dfrac{1}{2} = 0.475 \text{m}^2$

  여기서, $0.7 = 0.35 + 0.35$

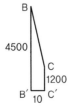

⑤ $A_5 = (0.7 + 0.35) \times 3.25 \times \dfrac{1}{2}$ ⑥ $A_6 = 0.65 \times 0.5 = 0.325 m^2$

　　$= 1.70625 m^2$

　　여기서, $3.25 = 4.2 - (0.45 + 0.5)$

계 : $4.31225 m^2$

∴ 콘크리트량 $= (A_1 \sim A_6) \times 길이 = 4.31225 \times 1m = 4.31 m^3$

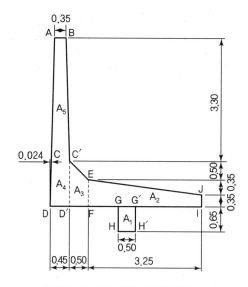

‖ 콘크리트량 계산 단면(단위 : m) ‖

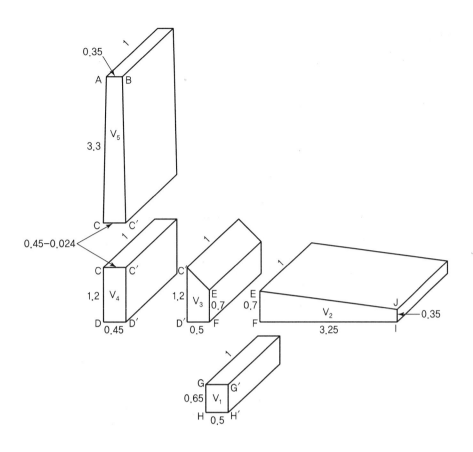

- $A_1 = 0.5 \times 0.65 = 0.325 \mathrm{m}^2$

- $A_2 = \dfrac{0.35 + 0.70}{2} \times 3.25 = 1.706 \mathrm{m}^2$

- $A_3 = \dfrac{1.20 + 0.70}{2} \times 0.50 = 0.475 \mathrm{m}^2$

- $A_4 = \dfrac{0.45 + (0.45 - 0.024)}{2} \times 1.20 = 0.526 \mathrm{m}^2$

- $A_5 = \dfrac{0.35 + (0.45 - 0.024)}{2} \times 3.30 = 1.280 \mathrm{m}^2$

$$\sum A = 0.325 + 1.706 + 0.475 + 0.526 + 1.280 = 4.312 \mathrm{m}^2$$

콘크리트량(V)은 단위 길이 1m당으로 계산하면 다음과 같다.

$$V = 4.312 \times 1 = 4.312 \mathrm{m}^3$$

(2) 터파기량

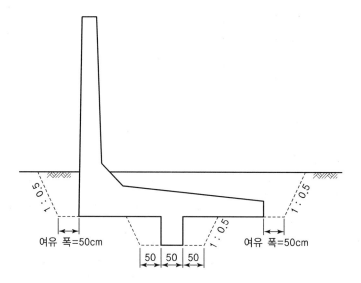

① $A_1 = (5.2 + 6.2) \times 1 \times \dfrac{1}{2} = 5.7 \text{m}^2$

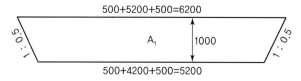

② $A_2 = (1.5 + 2.15) \times 0.65 \times \dfrac{1}{2} = 1.18625 \text{m}^2$

③ 터파기량 = 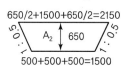 ×길이

$= (A_1 + A_2) \times 길이 = (5.7 + 1.18625) \times 1\text{m} = 6.886 \text{m}^2$

(3) 거푸집 면적

L형 옹벽의 거푸집 면적은 다음과 같이 산출된다.(L형 옹벽의 양면 마구리 부분의 거푸집 면적은 생략된 것으로 한다.)

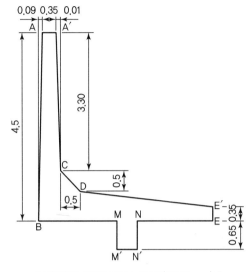
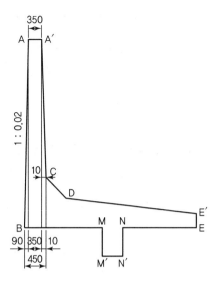

‖ 거푸집 면적 계산 단면(단위 : m) ‖

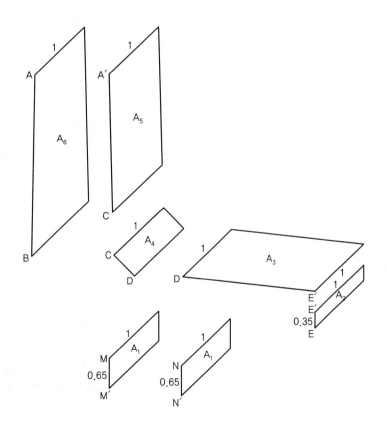

- $A_1 = 0.65 \times 1 \times 2 = 1.3\text{m}^2$

- $A_2 = 0.35 \times 1 = 0.35\text{m}^2$

- $A_3 = $ 상면 노출부는 무시

- $A_4 = \sqrt{0.5^2 + 0.5^2} \times 1 = 0.71\text{m}^2$

- $A_5 = \sqrt{3.3^2 + 0.01^2} \times 1 = 3.3\text{m}^2$

- $A_6 = \sqrt{4.5^2 + 0.09^2} \times 1 = 4.5\text{m}^2$

  $\sum A = 10.16\text{m}^2$

(4) 철근 수량산출 및 철근표 작성

① W_1, W_2, W_3, F_2 철근은 250mm 간격 배근이므로

$$\text{수량} = \frac{\text{총길이}}{\text{간격}} = \frac{1\text{m}}{0.25\text{m}} = 4\text{개}$$

② H, F_1, K_1의 철근은 125mm 간격 배근이므로

$$\text{수량} = \frac{\text{총길이}}{\text{간격}} = \frac{1\text{m}}{0.125\text{m}} = 8\text{개}$$

③ W_4 철근은 단면도 벽체에 해당하는 철근으로 '점'
으로 표시되어 있는 것이 W_4 철근에 해당된다.
<그림 (a) 참조>
$W_4 = $ (간격수 + 1) × 좌, 우
$\qquad = (18 + 1) \times 2$
$\qquad = 38\text{개}$

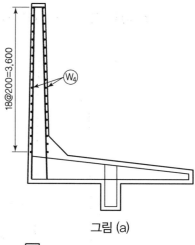

그림 (a)

④ F_3 철근은 단면도 저판에 해당하는 철근으로 점
으로 표시되어 있는 것이 F_3철근에 해당된다.
<그림 (b) 참조>
$F_3 = $ (●표시에 해당)
$\qquad = 18\text{개} \times 2(\text{상 · 하})$
$\qquad = 36\text{개}$

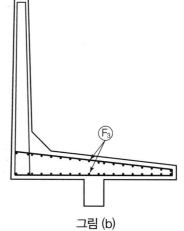

그림 (b)

⑤ K_2 철근은 단면도 저판돌출부에 해당하는 철근으로 점으로 표시되어 있는 것이 K_2 철근에 해당된다. (그림 참조)

$K_2 = (\bullet$표시에 해당$) = 6$개

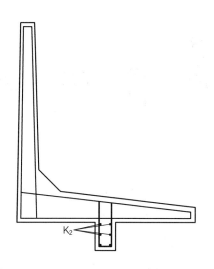

⑥ $S_1 = \dfrac{\text{단면도의 } S_1 \text{ 갯수}}{(w_1,\ w_2\text{의 간격} \times 2)} \times$길이

$= \dfrac{3}{0.25\text{m} \times 2} \times 1\text{m} = 6$개

⑦ $S_2 = \dfrac{\text{단면도의 } S_2 \text{ 갯수}}{F_2\text{의 간격} \times 2} \times$길이

$= \dfrac{6}{0.25\text{m} \times 2} \times 1\text{m} = 12$개

⑧ 철근표 작성

기호	철근 직경(D)	본당길이 (mm)	수량	총길이 (mm)	단위중량 (kg/m)	총중량 (kg)	비고(t)
W_1	D_{13}	4,511	4	18,044			
W_4	D_{13}	1,000	38	38,000			
K_2	D_{13}	1,000	6	6,000			
S_1	D_{13}	435	6	2,610			
S_2	D_{13}	1,086	12	13,032			
소 계				77,686	0.995	77.298	0.077
K_1	D_{16}	2,832	8	22,656			
H	D_{16}	2,055	8	16,440			
소 계				39,096	1.56	60.99	0.061
F_3	D_{19}	1,000	36	36,000			
소 계				36,000	2.25	81	0.081
W_2	D_{22}	4,656	4	18,624			
W_3	D_{22}	2,705	4	10,820			
소 계				29,444	3.04	89.510	9.090
F_1	D_{22}	4,832	8	38,656			
F_2	D_{22}	4,030	4	16,120			
소 계				54,776	5.04	276.071	0.276
총 계						584.869	0.585

☞ 본당길이 = 철근 1개당 길이

총길이 = 본당길이 × 수량

총중량 = 총길이 × 단위중량

03 역 T형 옹벽

조건 주어진 도면과 물량 산출 시 주의사항을 잘 읽고 다음 물량의 산출근거와 답을 주어진 답안지에 기록하시오.

1. 물량 산출

(1) 길이 1m에 대한 콘크리트량을 구하시오.

(2) 길이 1m에 대한 거푸집량을 구하시오. 단, 저판 상면의 노출부와 양면 마구리면을 무시함.

(3) 길이 1m에 대한 철근 물량표를 완성하시오.(단, 철근의 단위중량은 $D_{13} = 0.995 kg/m$, $D_{16} = 1.56 kg/m$, $D_{19} = 2.25 kg/m$)

2. 물량 산출 시 주의사항

(1) 콘크리트량과 거푸집량은 소수점 넷째자리에서 반올림하고, 철근 수량은 소수점 셋째자리, 철근 길이는 소수점 넷째자리에서 반올림하시오.

(2) 거푸집량은 경사가 30° 이상인 부분만 산출하고, 흙과 접하는 기초 콘크리트 하면과 상면의 산출은 무시한다.

(3) 물량을 산출할 때 할증률은 무시한다.

(4) 물량 산출 답안지는 도면 작도에 앞서 제한시간 이내에 산출하여야 한다. 또한, 답안지는 볼펜이나 만년필을 사용하여 작성한다.

3. 철근의 배근 간격

(1) W_1, W_2, W_3, F_1, F_3, F_4, F_5 철근은 250mm 간격으로 배근한다.

(2) W_4 철근은 200mm 간격으로 한다.

(3) H, F_2 철근은 125mm로 한다.

해설

1 물량 산출

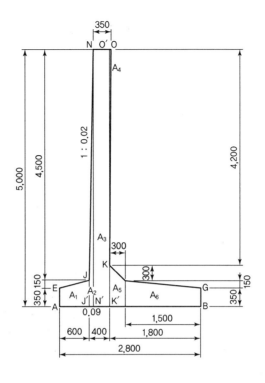

(1) 콘크리트량 계산

① $A_1 = (0.35 + 0.5) \times 0.6 \times \dfrac{1}{2} = 0.255 \text{m}^2$

② $A_2 = (0.5 + 5) \times 0.09 \times \dfrac{1}{2} = 0.2475 \text{m}^2$

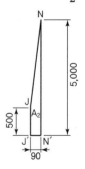

③ $A_3 = (0.31 \times 5) = 1.55 \text{m}^2$

④ $A_4 = (4.2 \times 0.04) \times \dfrac{1}{2} = 0.084 \text{m}^2$

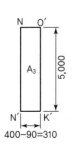

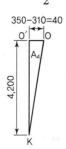

⑤ $A_5 = (0.8 + 0.5) \times 0.3 \times \dfrac{1}{2} = 0.195 \text{m}^2$ ⑥ $A_6 = (0.35 + 0.5) \times 1.5 \times \dfrac{1}{2} = 0.6375 \text{m}^2$

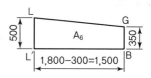

∴ 콘크리트량 $= \sum A \times 길이(m) = (A_1 \sim A_6) \times 1m = 2.969 \times 1m = 2.969 \text{m}^3$

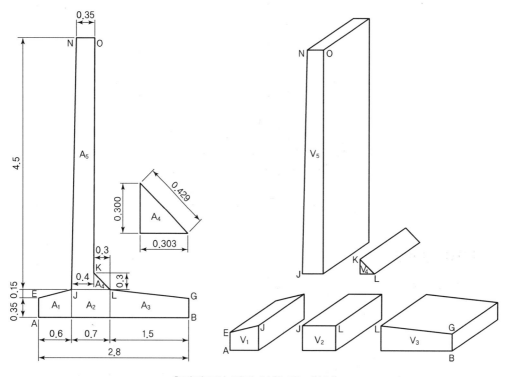

┃ 단면도의 면적 분할 및 계산 ┃

- $A_1 = \dfrac{0.35 \times 0.5}{2} \times 0.6 = 0.255 \text{m}^2$

- $A_2 = 0.5 \times 0.7 = 0.35 \text{m}^2$

- $A_3 = \dfrac{0.5 + 0.35}{2} \times 1.5 = 0.6375 \text{m}^2$

- $A_4 = 0.3 \times 0.303 \times \dfrac{1}{2} = 0.0454 \text{m}^2$

- $A_5 = \dfrac{0.35 + 0.397}{2} \times 4.5 = 1.681 \text{m}^2$

$\sum A = 2.9687 \text{m}^2$ 그러므로 콘크리트량 V는

$V = \sum A \times 1 = 2.9687 \times 1 = 2.9687 \text{m}^3$

(2) 거푸집 계산

① $A_1 = \overline{NJ} \times 1 = \sqrt{0.09^2 + 4.5^2} = 4.5\text{m}$

② $A_2 = \overline{OK} \times 1 = 4.2\text{m}$

③ $A_3 = \overline{KL} \times 1 = \sqrt{0.3^2 + 0.3^2} \times 1 = 0.42\text{m}$

④ $A_4 = $ 상면 노출부는 무시

⑤ $A_5 = (\overline{EA} \times 1) + (\overline{GB} \times 1) = 0.35 \times 2 = 0.7\text{m}$

$\sum A = 9.82\text{m}^2$

∴ 거푸집 면적은 9.82m^2

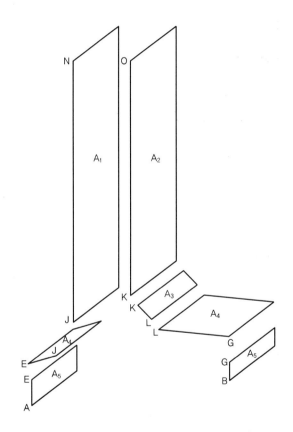

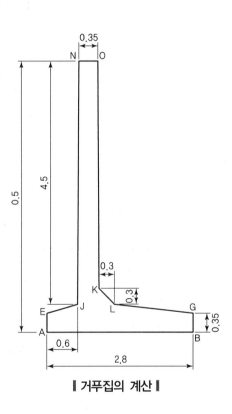

‖ 거푸집의 계산 ‖

➤ **별해**

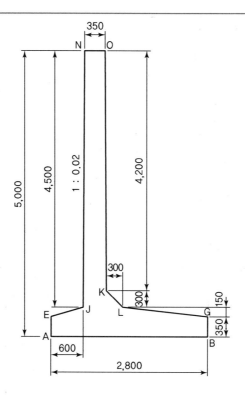

- $\overline{NJ} = \sqrt{(4.5)^2 + (0.09)^2} = 4.500899\text{m}$
- $\overline{OK} = \sqrt{(4.2)^2 + (0.04)^2} = 4.20019047\text{m}$
- $\overline{KL} = \sqrt{(0.3^2) + (0.3^2)} = 0.424264\text{m}$
- $\overline{GB} = 0.35\text{m}$
- $\overline{EA} = 0.35\text{m}$

$$\text{계} : 9.825354\text{m}$$

∴ 거푸집량 $= 9.825354 \times 길이(1\text{m}) = 9.825\text{m}^2$

(단, EJ와 LG는 기울기가 45° 이하이므로 생략함)

☞ 마구리면을 고려한 거푸집량

$= 9.825 + (옹벽의 면적 \times 2)$

$= 9.825 + (2.969 \times 2) = 15.763\text{m}^2$

(3) 철근 수량 산출 및 철근표 작성

① W_1, W_2, W_3, F_1, F_3, F_4 철근은 250mm 간격으로 배근하므로

$$수량 = \frac{총길이}{간격} = \frac{1\text{m}}{0.25\text{m}} = 4개$$

② H, F_2 철근은 125mm 간격으로 배근하므로

$$수량 = \frac{총길이}{간격} = \frac{1\text{m}}{0.125\text{m}} = 8개$$

③ W_4 철근은 단면도 벽체에 해당하는 철근으로 '점'으로 표시되어 있는 것이 W_4 철근에 해당된다. (그림 (a) 참조)

$$W_4 = (간격수 + 1) \times 좌, 우$$
$$= (21 + 1) \times 2 = 44개$$

④ F_5 철근은 단면도 저판에 해당하는 철근으로 점으로 표시되어 있는 것이 F_5 철근에 해당된다. (그림 (b) 참조)

$$F_5 = 12개 \times (위, 아래)$$
$$= 12 \times 2 = 24개$$

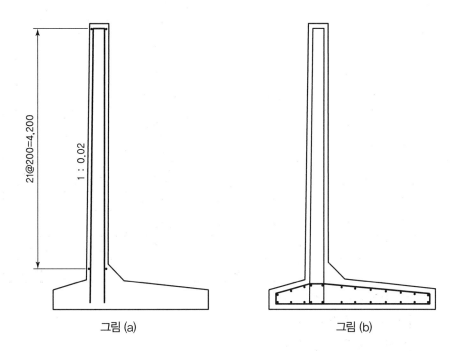

그림 (a)   그림 (b)

(4) $S_1 = \dfrac{\text{단면도의 } S_1 \text{ 갯수}}{(W_1\,W_2\text{의 간격})\times 2}\times\text{길이}$

$\quad = \dfrac{3}{0.25\text{m}\times 2}\times 1\text{m} = 6$개

(5) $S_2 = \dfrac{\text{단면도의 } S_2 \text{ 갯수}}{F_2\,F_3 \text{ 간격 중 큰 것}\times 2}\times\text{길이}$

$\quad = \dfrac{3}{0.25\text{m}\times 2}\times 1\text{m} = 6$개

(6) 철근표 작성

기호	철근 직경(D)	본당길이 (mm)	수량	총길이 (mm)	단위중량 (kg/m)	총중량 (kg)	비고(t)
W_1	D_{13}	5,011	4	20,044			
W_4	D_{13}	1,000	44	44,000			
F_5	D_{13}	1,000	24	24,000			
S_1	D_{13}	404	6	2,424			
S_2	D_{13}	904	6	5,424			
소 계				95,892	0.995	95.413	0.0954
F_1	D_{16}	999	4	3,996			
F_2	D_{16}	2,253	8	18,024			
F_3	D_{16}	2,600	4	10,400			
F_4	D_{16}	1,100	4	4,400			
H	D_{16}	1,535	8	12,280			
소 계				49,100	1.56	76.596	0.0766
W_2	D_{19}	5,104	4	20,416			
W_3	D_{19}	2,554	4	10,216			
소 계				30,632	2.25	68.922	0.069
총 계						240.931	0.241

☞ 본당길이＝철근 1개당 길이

　총길이＝본당길이×수량

　총중량＝총길이×단위중량

SECTION 04 | 역 T형 옹벽(돌출부)

조건 주어진 도면과 물량 산출 시 주의사항을 잘 읽고 다음 물량의 산출근거와 답을 주어진 답안지에 기록하시오.

1. 물량 산출

(1) 길이 1m에 대한 콘크리트량을 구하시오.(소수 셋째자리에서 반올림)

(2) 길이 1m에 대한 거푸집량을 구하시오. 단, 양쪽 마구리면과 저판 상면노출부는 무시함.(소수 셋째자리에서 반올림)

(3) 길이 1m에 대한 철근 물량표를 완성하시오.

2. 철근의 배근 간격

(1) W_1, W_2, W_3, F_1, F_3, F_4 철근은 각 250mm 간격으로 배근한다.

(2) W_4, F_5 철근은 각 200mm 간격으로 한다.

(3) K_1, H, F_2 철근은 각 125mm 간격으로 한다.

1 역 T 형 옹벽(돌출부)의 물량 산출

(1) 콘크리트량

역 T형 옹벽의 콘크리트량은 다음과 같이 산출한다.

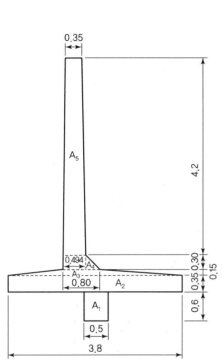

‖ 콘크리트 계산 단면(단위 : m) ‖

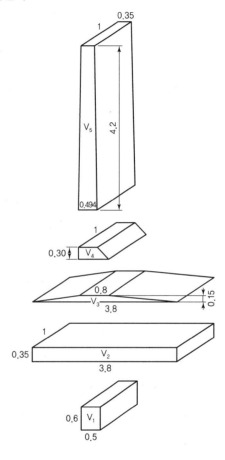

- $A_1 = 0.5 \times 0.6 = 0.30\text{m}^2$

- $A_2 = 3.8 \times 0.35 = 1.33\text{m}^2$

- $A_3 = \dfrac{3.8 + 0.8}{2} \times 0.15 = 0.345\text{m}^2$

- $A_4 = \dfrac{0.494 + 0.8}{2} \times 0.3 = 0.1941\text{m}^2$

- $A_5 = \dfrac{0.35 + 0.494}{2} \times 4.2 = 1.7724\text{m}^2$

$$\sum A = A_1 + A_2 + A_3 + A_4 + A_5$$
$$= 0.30 + 1.33 + 0.345 + 0.1941 + 1.7724 = 3.9415\text{m}^2$$

콘크리트량(V)은 단위길이 1m당으로 계산하면 다음과 같다.

$$V = 3.9415 \times 1 = 3.9415\text{m}^3$$

(2) 거푸집 면적

역 T형 옹벽의 거푸집 면적은 다음과 같이 산출한다.

(역 T형 옹벽의 양면 마구리 부분의 거푸집 면적은 생략된 것으로 한다.)

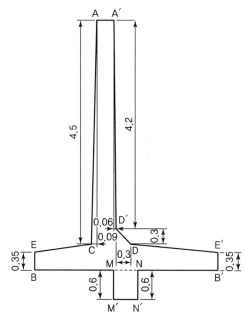

‖ 거푸집 면적 계산 단면(단위 : m) ‖

- $A_1 = 0.6 \times 1 \times 2 = 1.2 \text{m}^2$

- $A_2 = 0.35 \times 1 \times 2 = 0.7 \text{m}^2$

- $A_3 =$ 상면 노출부는 무시

- $A_4 =$ 상면 노출부는 무시

- $A_5 = \sqrt{0.3^2 + 0.3^2} \times 1 = 0.42 \text{m}^2$

- $A_6 = \sqrt{4.5^2 + 0.09^2} \times 1 = 4.5 \text{m}^2$

- $A_7 = \sqrt{4.2^2 + 0.06^2} \times 1 = 4.2 \text{m}^2$

$\sum A = 11.02 \text{m}^2$

∴ 거푸집 면적 $= 11.02 \text{m}^2$

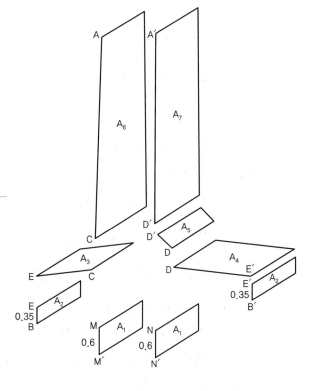

(3) **철근량**

기호	철근 지름(mm)	길이(mm)	수량	총길이(mm)	비고
W_1	D_{13}	5,011	4	20,044	$1,000/250=4$
W_2	D_{25}	5,201	4	20,804	$1,000/250=4$
W_3	D_{25}	2,800	4	11,200	$1,000/250=4$
W_4	D_{13}	1,000	22	22,000	
W_5	D_{16}	1,000	22	22,000	
F_1	D_{19}	1,697	4	6,788	$1,000/250=4$
F_2	D_{25}	2,705	8	21,640	$1,000/125=8$
F_3	D_{19}	3,600	4	14,400	$1,000/250=4$
F_4	D_{19}	1,850	4	7,400	$1,000/250=4$
F_5	D_{13}	1,000	18	18,000	
F_6	D_{16}	1,000	18	18,000	
H	D_{16}	1,570	8	12,560	$1,000/125=8$
K_1	D_{16}	2,530	8	20,240	$1,000/125=8$
K_2	D_{13}	1,000	4	4,000	$2\times2=4$
S_1	D_{13}	449	6	2,694	
S_2	D_{13}	870	6	5,220	
S_3	D_{13}	870	4	3,480	

(4) 철근수량 산출(예)

---

① Ⓦ₁ D_{13} 배근 작도

210 └─────────────────────────────
$4,801$

주철근 Ⓦ₁ D_{13}은 중심선에서 4@250=1000의 간격으로 배근 작도한다. 이때, 주철근 표시는 중심선과 기준선은 가는 1점 쇄선으로 표시되며, 주철근 Ⓦ₁ D_{13}은 굵은 실선으로 3본 표시된다. 따라서, Ⓦ₁ D_{13} 철근은 4본 배근되었다.

∴ $W_1 = 4$개

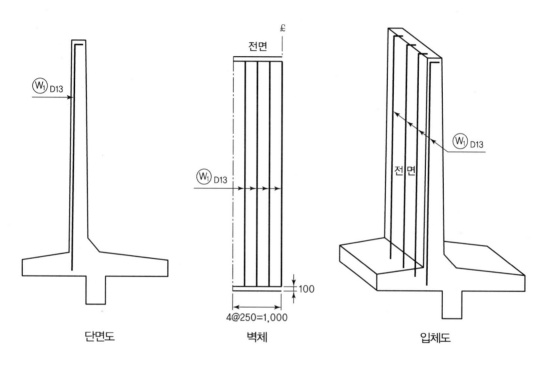

단면도　　　　　벽체　　　　　입체도

② Ⓦ₄ D_{13} 배근 작도
_____
1,000

배력 철근 Ⓦ₄ D_{13}은 옹벽 상단의 첫 배력 철근 Ⓦ₄ D_{13}에서 21@200＝4200의 간격으로 21본(총 22본)을 배근 작도한다. 옹벽 저판 철근 Ⓕ₅ D_{13}에서는 300 간격으로, 저판 상단에는 철근 Ⓕ₆ D_{16}을 1본 배근 작도한다. 따라서, Ⓦ₄ D_{13} 철근 22본, Ⓕ₅ D_{13} 철근 1본, Ⓕ₆ D_{16} 철근 1본이 배근되었다.

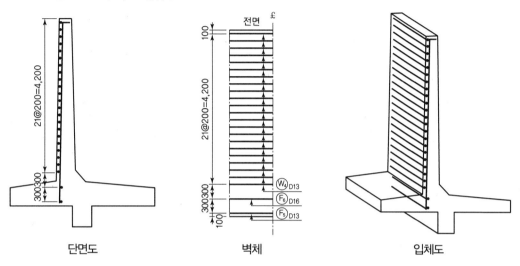

단면도　　　　　벽체　　　　　입체도

③ Ⓢ₁ D_{13} 배근 작도
　249
100 ⌐¯¬ 100

스페이서 철근 Ⓢ₁ D_{13}은 Ⓦ₁ D_{13}, Ⓦ₂ D_{25}, Ⓦ₃ D_{25} 철근을 묶어 주기 위한 철근으로 중심선을 따라 한 철근을 건너 굵은 사선으로 배근 작도한다. Ⓢ₁ D_{13} 철근은 1m당 6본 배근되었다.

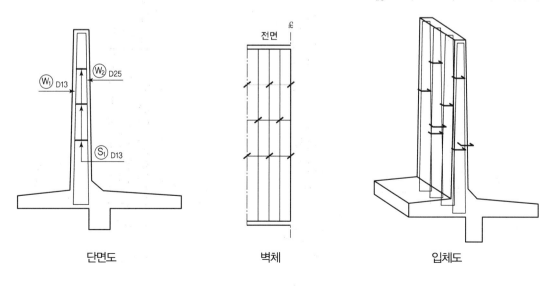

단면도　　　　　벽체　　　　　입체도

(5) 벽체 후면 작도

옹벽의 상단과 돌출부 밑면의 높이 5600을 중심선의 우측에 길이당 폭 1000을 잡고 가는 1점 쇄선으로 작도한다.

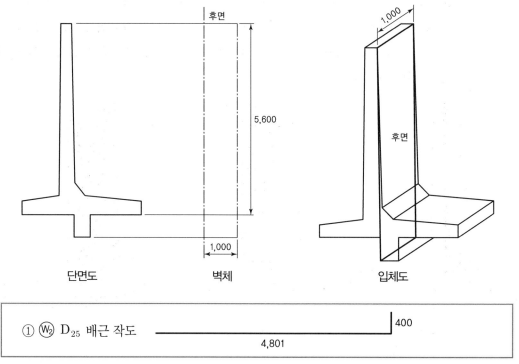

단면도　　　벽체　　　　　　　입체도

① ⓦ₂ D₂₅ 배근 작도　　　　　　　　　　　　　　400
　　　　　　　　　　　　　4,801

주철근 ⓦ₂ D₂₅는 중심선에서 4@250＝1000의 간격으로 배근 작도한다. 이 때, 주철근 표시는 중심선과 기준선은 1점 쇄선으로 표시되며, 주철근 ⓦ₂ D₂₅는 길이 4801인 굵은 실선으로 표시된다. ⓦ₂ D₂₅ 철근은 4본 배근되었다.

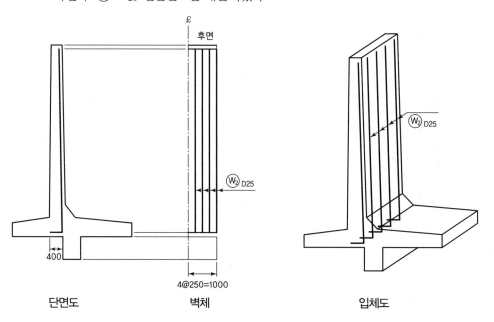

단면도　　　벽체　　　　　　　입체도

② Ⓦ₅ D₁₆ 배근 작도   1,000

단면도 벽체 후면 배력 철근 배근도에 따라 옹벽 상단의 첫 배력 철근 Ⓦ₅ D₁₆은 옹벽의 상단에서부터 21@200＝4200(총 22본), 저판 하면에 Ⓕ₅ D₁₃ 철근 1본, 저판 상면에 Ⓕ₆ D₁₆ 철근 1본을 굵은 실선으로 작도한다. 그리고 돌출부의 Ⓚ₂ D₁₃ 철근 2본도 단면도의 배근도에 따라 굵은 실선으로 작도한다.

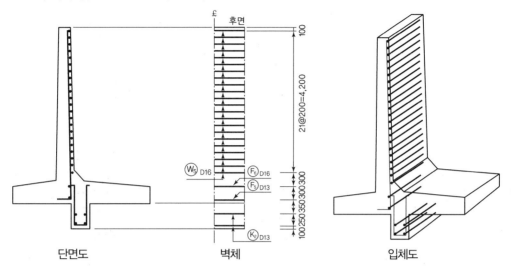

단면도   벽체   입체도

③ Ⓦ₃ D₂₅ 배근 작도   400 / 2,400

주철근 Ⓦ₃ D₂₅ 주철근 Ⓦ₂ D₂₅ 배근 중앙에 4@250＝1000의 간격으로 벽체 저판하단 Ⓕ₅ D₁₃ 철근에서 길이 2400만큼 굵은 실선으로 4본 작도한다.

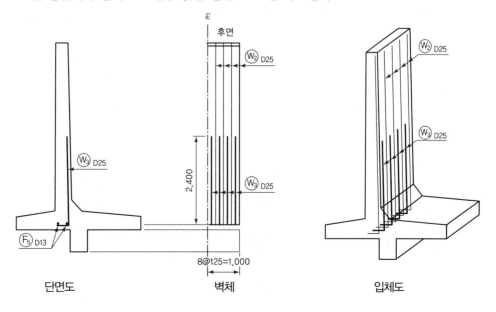

단면도   벽체   입체도

④ K_1 D_{16} 배근작도

돌출부의 스터럽 K_1 D_{16} 철근은 8@125 = 1000의 간격으로 돌출부의 하단으로부터 859만큼 굵은 실선으로 7본을 작도한다. K_1 D_{16} 철근은 8본 배근 작도되었다.

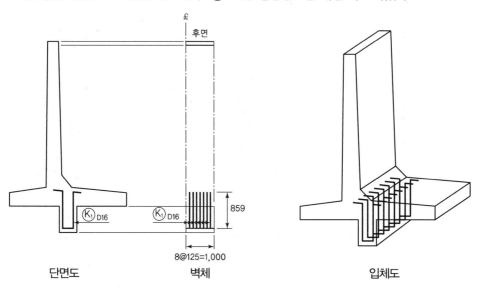

| 단면도 | 벽체 | 입체도 |

⑤ H D_{16} 배근 작도

헌치 부분의 H D_{16} 철근은 저판 하면의 F_5 D_{13} 철근에서 1069만큼 굵은 실선으로 7본을 W_2 D_{25}와 W_3 D_{25} 철근에 인접하여 작도한다. H D_{16} 철근은 8본 배근 작도되었다.

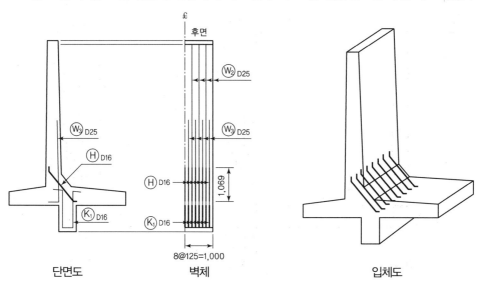

| 단면도 | 벽체 | 입체도 |

2 평면도(저판 상·하면)작도

(1) 저판 상면 작도

① 옹벽의 저판 앞면과 뒷면의 길이 3800을 중심선의 윗면에 길이당 폭 1000을 잡고 가는 1점 쇄선으로 작도한다.

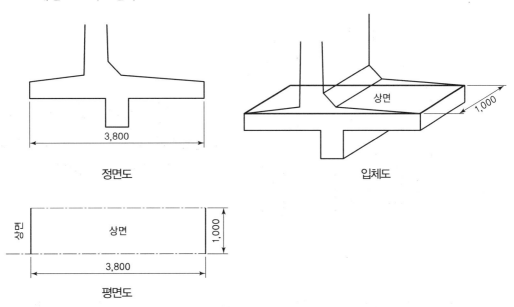

정면도   입체도

평면도

② 저판 앞면과 저판 뒷면에서 덮개 100mm를 제외한 곳으로부터 단면도의 저판 상면에 작도되어 있는 F_6 D_{16} 철근점에서 수선을 내리고 18본의 철근을 굵은 실선으로 작도한다. F_6 D_{16} 철근은 18본 배근되었다.

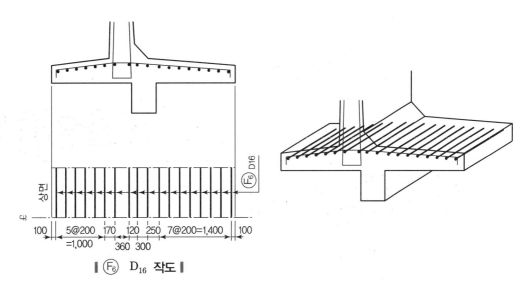

‖ F_6 D_{16} 작도 ‖

③ $\textcircled{F}_1$ D_{19} 철근의 작도는 앞면의 중심선에서 4@250＝1000의 간격으로 배근 작도한다. 이
때, $\textcircled{F}_1$ D_{19} 철근 표시는 중심선과 기준선은 가는 1점 쇄선으로 표시되어 있고, 나머지
철근은 굵은 실선으로 3본 표시되며, 길이는 1550으로 $\textcircled{W}_2$ D_{25} 철근선까지 작도한다.
$\textcircled{F}_1$ D_{19} 철근은 4본 배근되어 있다.

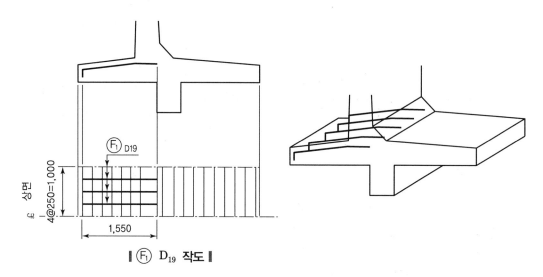

‖ $\textcircled{F}_1$ D_{19} 작도 ‖

④ $\textcircled{F}_2$ D_{25} 철근의 작도는 뒷면의 중심선에서 8@125＝1000의 간격으로 배근 작도한다. 이
때, $\textcircled{F}_2$ D_{25} 철근 표시는 중심선과 기준선은 가는 1점 쇄선으로 표시되어 있고, 나머지
철근은 굵은 실선으로 7본 표시되며, 길이는 2600으로 $\textcircled{W}_1$ D_{13} 철근선에서 170 연장된
선까지 작도한다. $\textcircled{W}_2$ D_{25} 철근은 8본 배근되어 있다.

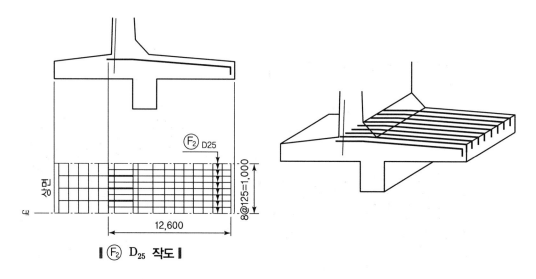

‖ $\textcircled{F}_2$ D_{25} 작도 ‖

⑤ 스페이서 철근 S_2 D_{13}과 S_3 D_{13}의 표시는 굵은 실선으로 그림과 같이 표시한다. S_2 D_{13} 철근 6본과 S_3 D_{13} 철근 4본이 배근되어 있다.

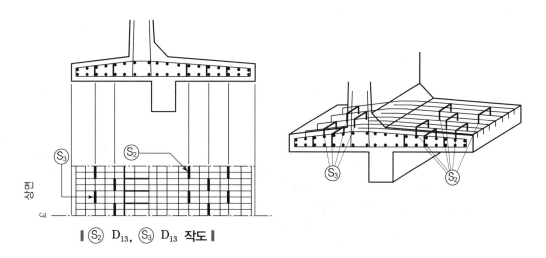

‖ S_2 D_{13}, S_3 D_{13} 작도 ‖

(2) 저판 하면 작도

① 옹벽의 저판 앞면과 뒷면의 길이 3800을 중심선의 아랫면에 길이당 폭 1000을 잡고 가는 1점 쇄선으로 작도한다.

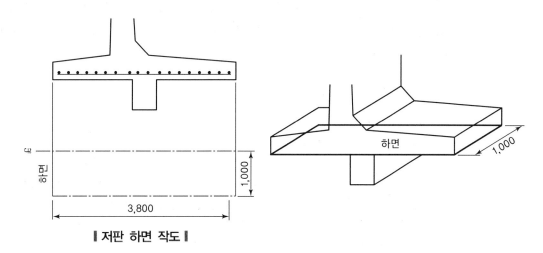

‖ 저판 하면 작도 ‖

② 저판 앞면과 저판 뒷면에서 덮개 100mm을 제외한 곳으로부터 단면도의 저판 하면에 작도
되어 있는 F_5 D_{13} 철근점에서 수선을 내리고 18본의 철근을 굵은 실선으로 작도한다.
F_5 D_{13} 철근은 18본 배근되어 있다.

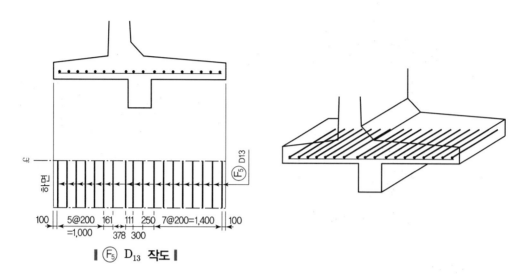

‖ F_5 D_{13} **작도** ‖

③ F_3 D_{19} 철근의 작도는 앞면의 중심선에서 4@250＝1000의 간격으로 배근 작도한다. 이
때, F_3 D_{19} 철근 표시는 중심선과 기준선은 가는 1점 쇄선으로 표시되어 있고, 나머지 철
근은 굵은 실선으로 3본 표시되며, 길이는 3600으로 앞면의 첫 F_5 D_{13} 철근에서 뒷면의
첫 F_5 D_{13} 철근까지 작도한다. F_3 D_{19} 철근은 1m당 4본 배근되어 있다.

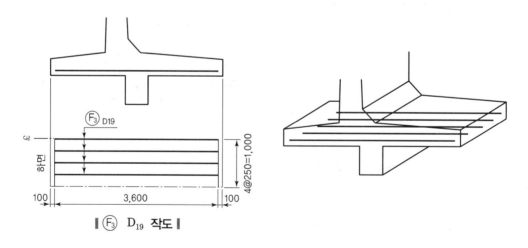

‖ F_3 D_{19} **작도** ‖

④ F_4 D_{19} 철근의 작도는 F_3 D_{19} 배근 중앙에 4@250＝1000의 간격으로 배근 작도한다. 이
때, F_4 D_{19} 철근 표시는 중심선과 기준선은 가는 1점 쇄선으로 표시되어 있고, 나머지 철근
은 굵은 실선으로 4본 표시되며, 길이는 저판 앞면 첫 F_5 D_{13} 철근 작도에서부터 1850 길이
로 작도한다. F_4 D_{19} 철근은 1m당 4본 배근되어 있다.

SECTION 05 선반식 옹벽

조건 주어진 도면과 조건에 따라 물음에 대한 산출근거와 답을 주어진 답안지에 기록하시오.
(단, 계산은 소수 4자리에서 반올림함)

1. 물량 산출

(1) 길이 1m에 대한 콘크리트량(m^3)

(2) 길이 1m에 대한 거푸집량(m^2)(단, 양측 마구리면과 저판 상면 노출부는 무시함)

(3) 길이 1m에 대한 철근량 산출을 위한 철근 물량표의 완성(단, 철근의 이음과 할증은 무시함)

2. 철근의 간격

(1) W_1, W_4, H, K_1, K_2, K_3, K_4, F_1, F_2, F_3 철근은 각각 200mm간격으로 배근한다.

(2) W_2, W_3 철근은 각각 400mm간격으로 배근한다.

(3) S_1, S_2 철근은 지그재그(Zigzag)로 배근한다.

1 콘크리트량

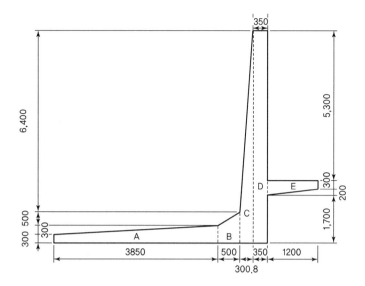

(1) A 면$=\left(\dfrac{0.6+0.3}{2}\times3.85\right)\times1=1.7325\mathrm{m}^3$

(2) B 면$=\left(\dfrac{0.6+1.1}{2}\times0.5\right)\times1=0.425\mathrm{m}^3$

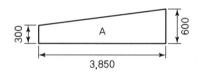

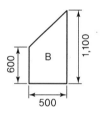

(3) C 면$=\left(\dfrac{1.1+7.5}{2}\times0.3008\right)\times1=1.29344\,\mathrm{m}^3$

(4) D 면$=(0.35\times7.5)\times1=2.625\mathrm{m}^3$

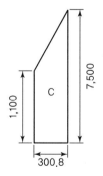

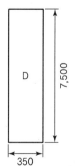

(5) E 면$=\left(\dfrac{0.5+0.3}{2}\times1.2\right)\times1=0.48\mathrm{m}^3$

$$\therefore\ \sum V=1.7325+0.425+1.29344$$
$$+2.625+0.48$$
$$=6.55594\mathrm{m}^3=6.556\mathrm{m}^3$$

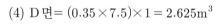

2 거푸집량

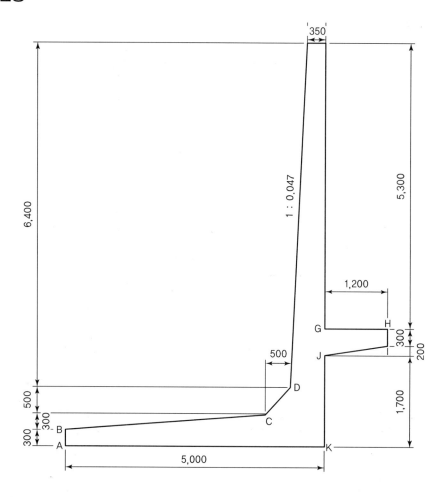

(1) $\overline{AB} = 0.3m$

(2) $\overline{CD} = \sqrt{0.5^2 + 0.5^2} = 0.707m$

(3) $\overline{DE} = \sqrt{6.4^2 + 0.3008^2} = 6.407m$

(4) $\overline{FG} = 5.3m$

(5) $\overline{HI} = 0.3m$

(6) $\overline{IJ} = \sqrt{1.2^2 + 0.2^2} = 1.217m$

(7) $\overline{JK} = 1.7m$

$\overline{AB} + \overline{CD} + \overline{DE} + \overline{FG} + \overline{HI} + \overline{IJ} + \overline{JK} = 15.931m$

∴ 거푸집량 $= 15.931m \times 1m = 15,931m^2$

3 철근 수량 및 철근표 작성

(1) $W_1 = \dfrac{\text{총길이}}{\text{철근간격}} = \dfrac{1000}{200} = 5$

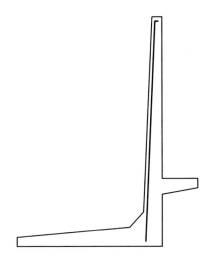

(2) $W_2 = \dfrac{\text{총길이}}{\text{철근간격}} = \dfrac{1000}{400} = 2.5$

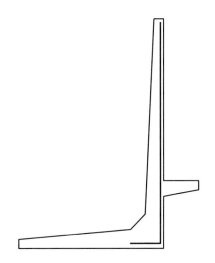

(3) $W_3 = \dfrac{\text{총길이}}{\text{철근간격}} = \dfrac{1000}{400} = 2.5$

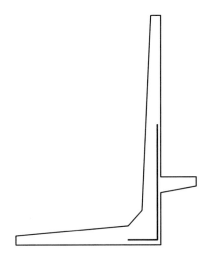

(4) $W_4 = \dfrac{\text{총길이}}{\text{철근간격}} = \dfrac{1000}{200} = 5$

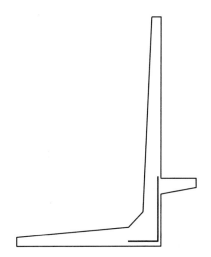

(5) $H = \dfrac{총길이}{철근간격} = \dfrac{1000}{200} = 5$

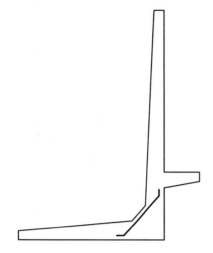

(6) $F_1 = \dfrac{총길이}{철근간격} = \dfrac{1000}{200} = 5$

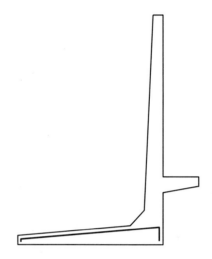

(7) $F_2 = \dfrac{총길이}{철근간격} = \dfrac{1000}{200} = 5$

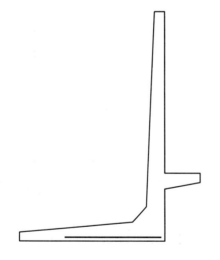

(8) $F_3 = \dfrac{총길이}{철근간격} = \dfrac{1000}{200} = 5$

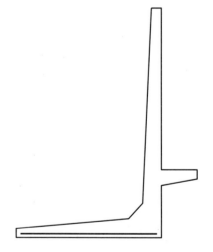

$$(9)\ K_1 = \frac{총길이}{철근간격} = \frac{1000}{200} = 5$$

$$(10)\ K_2 = \frac{총길이}{철근간격} = \frac{1000}{200} = 5$$

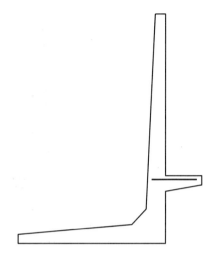
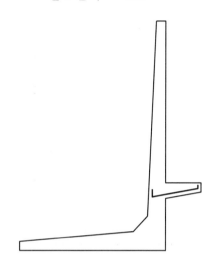

$$(11)\ W_5 = (철근간격 + 1) \times 2 (벽체전후면)$$
$$= [(33) + 1] \times 2 = 68$$

$$(12)\ F_4 = (철근간격 + 1) = (23 + 1) = 24$$

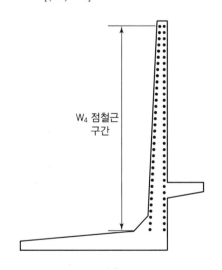

W_4 점철근
구간

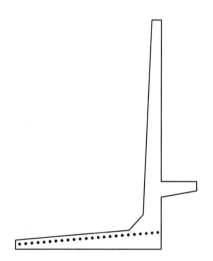

(13) $F_5 = (철근간격 + 1) = (23 + 1) = 24$ (14) $K_3 = 6$

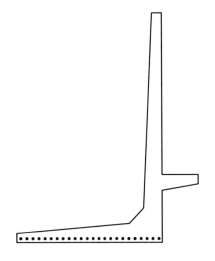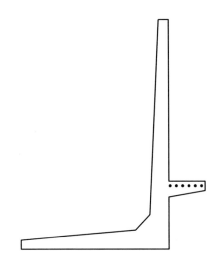

(15) $K_4 = 6$ (16) $S_1 = \dfrac{단면도의 \, S_1 \, 갯수}{W_2의 \, 간격 \times 2} \times 옹벽길이$

$$= \dfrac{5}{400 \times 2} \times 1000 = 6.25$$

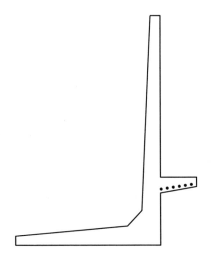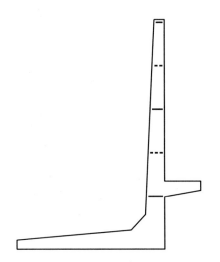

(17) $S_2 = \dfrac{\text{단면도의 } S_2 \text{갯수}}{F_1 \text{의 간격} \times 2} \times \text{옹벽길이}$

$\quad = \dfrac{10}{200 \times 2} \times 1000 = 25$

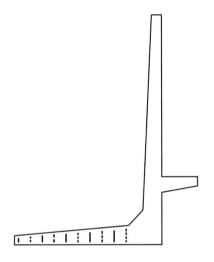

(18) **철근표**

기호	철근 직경(D)	본당 길이(mm)	수량	총길이 (mm)	기호	철근 직경(D)	본당 길이(mm)	수량	총길이 (mm)
W_1	D_{16}	7,518	5	37,590	F_4	D_{13}	1,000	24	24,000
W_2	D_{25}	7,765	2.5	19,412.5	F_5	D_{16}	1,000	24	24,000
W_3	D_{25}	5,965	2.5	14,912.5	K_1	D_{22}	1,628	5	8,140
W_4	D_{25}	3,965	5	19,825	K_2	D_{16}	2,037	5	10,185
W_5	D_{16}	1,000	68	68,000	K_3	D_{16}	1,000	6	6,000
H	D_{16}	2,236	5	11,180	K_4	D_{13}	1,000	6	6,000
F_1	D_{16}	5,391	5	26,955	S_1	D_{13}	556	6.25	3,475
F_2	D_{19}	3,030	5	15,150	S_2	D_{13}	1,209	25	30,225
F_3	D_{19}	4,830	5	24,150					

SECTION 06 앞부벽식 옹벽

조건 주어진 도면과 물량 산출 시 주의사항을 잘 읽고 다음 물량의 산출근거와 답을 주어진 답안지에 기록하시오.

1. 물량 산출

(1) 길이 3.5m(간격)에 대한 콘크리트량을 구하시오.

(2) 길이 3.5m에 대한 거푸집량을 구하시오. 단, 양쪽 마구리면은 무시함.

(3) 길이 3.5m에 대한 철근량 산출을 철근표에 작성하여 계산하시오.(단, 철근의 단위중량은 $D_{13}=0.995$ kg/m, $D_{16}=1.56$kg/m, $D_{19}=2.25$kg/m, $D_{22}=3.04$kg/m)

2. 물량 산출 시 주의사항

(1) 콘크리트량과 거푸집량은 소수점 넷째자리에서 반올림하고, 철근수량은 소수점 셋째자리, 철근 길이는 소수점 넷째자리에서 반올림하시오.

(2) 물량을 산출할 때 할증률은 무시한다.

(3) 물량 산출 답안지는 도면작도에 앞서 제한시간 이내에 산출하여야 한다. 또한, 답안지는 볼펜이나 만년필을 사용하여 작성한다.

3. 철근의 간격

(1) K_2, F_4 철근은 250mm 간격으로 배근한다.

(2) K_1 철근은 175mm 간격으로 배근한다.

(3) F_5 철근은 500mm 간격으로 배근한다.

(4) S_1 철근은 한칸 건너 배근한다.(1,000mm 간격)

해설

1 콘크리트량

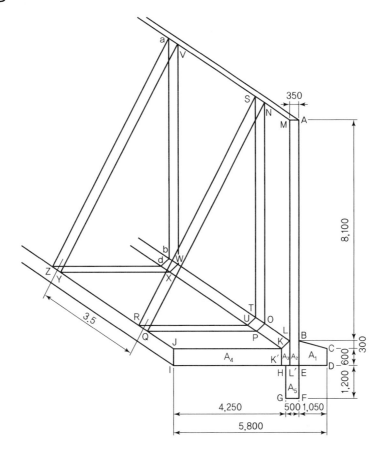

$(1)\ \mathrm{A_1} = \dfrac{(0.9+0.6)}{2} \times 1.05 = 0.7875\mathrm{m}^2$

$(2)\ \mathrm{A_2} = 0.35 \times 9 = 3.15\mathrm{m}^2$

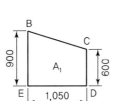

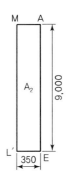

(3) $A_3 = \dfrac{(0.6+0.9)}{2} \times 0.3 = 0.225 \mathrm{m}^2$ (4) $A_4 = 0.6 \times 4.1 = 2.46 \mathrm{m}^2$

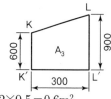

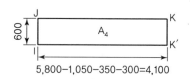

$5,800-1,050-350-300=4,100$

(5) $A_5 = 1.2 \times 0.5 = 0.6 \mathrm{m}^2$

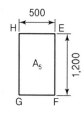

$$V_1 = (A_1 \sim A_5) \times \text{부벽의 길이}$$
$$= 7.2225 \mathrm{m}^2 \times 3.5 \mathrm{m} \qquad \dfrac{\overline{ZY}}{2} + \overline{YR} + \dfrac{\overline{RQ}}{2} = 3.5\mathrm{m}$$
$$= 25.27875 \mathrm{m}^3$$

(6) $V_2 = \boxed{} \times \text{부벽의 두께} \left(\dfrac{\overline{ZY}}{2} + \dfrac{\overline{RQ}}{2} \right)$

$$= \left[\left(\left(8.4 \times 4.4 \times \dfrac{1}{2} \right) - \left(0.3 \times 0.3 \times \dfrac{1}{2} \right) \right) \times 0.25 \right] \times 2$$
$$= 9.2175 \mathrm{m}^3$$

$\therefore$ 콘크리트량 $V = V_1 + V_2 = 25.27875 + 9.2175 = 34.496 \mathrm{m}^3$

2 거푸집량

(1) $A_1 = \overline{AB} \times$ 부벽의 길이 $= 8.1 \times 3.5 = 28.35 \text{m}^2$

(2) $A_2 = \overline{UT} \times \overline{VU} = 8.1 \times 3 = 24.3 \text{m}^2$

(3) $A_3 = \overline{BC} \times$ 부벽의 길이 $= \sqrt{(1.05)^2 + (0.3)^2} \times 3.5 = 3.822 \text{m}^2$

(4) $A_4 = \overline{CD} \times$ 부벽의 길이 $= 0.6 \times 3.5 = 2.1 \text{m}^2$

(5) $A_5 = \overline{JI} \times$ 부벽의 길이 $= 0.6 \times 3.5 = 2.1 \text{m}^2$

(6) $A_6 = \overline{EF} \times$ 부벽의 길이 $= 1.2 \times 3.5 = 4.2 \text{m}^2$

(7) $A_7 = \overline{HG} \times$ 부벽의 길이 $= 1.2 \times 3.5 = 4.2 \text{m}^2$

(8) $A_8 = \overline{ST} \times \overline{TW} = \sqrt{(0.3)^2 + (0.3)^2} \times 3 = 1.2728 \text{m}^2$

(9) $A_9 = $ $ = 18.435 \times 2 = 36.870$(콘크리트량 산출식 (6) V_2계산식 참조)

(10) $A_{10} = \left(\overline{UR} \times \dfrac{\text{부벽의 두께}}{2} \right) + \left(\overline{VY} \times \dfrac{\text{부벽의 두께}}{2} \right)$

$\qquad = \left(\sqrt{(8.4)^2 + (4.4)^2} \times \dfrac{0.5}{2} \right) \times 2 = 4.741308 \approx 4.741 \text{m}^2$

$\therefore$ 거푸집량 $= A_1 \sim A_{10} = 111.95610 \approx 111.956 \text{m}^2$

3 철근 수량 및 철근표 작성

(1) **철근량 산출**

- F_1 : 저판 상부 하부에 있는 점으로 표시되어 있는 철근이 F_1 철근에 해당된다.

  ➡ $F_1 = 28$개

- F_2 : 저판 상부에만 있는 점으로 표시되어 있는 철근이 F_2 철근에 해당된다.

  ➡ $F_2 = 11$개

- W_2 : 벽체 전면 후면에 있는 점으로 표시되어 있는 철근이 W_2에 해당되는 철근이다.

  ➡ $W_2 = 42$개

- W_3 : 벽체 전면에만 점으로 표시되어 있는 철근이 W_3에 해당되는 철근이다.

  ➡ $W_3 = 20$개

- H_2 : 부벽 그림에서 수직선으로 표시되어 있는 철근이 H_2에 해당되는 철근이다.

  ➡ $H_2 = 23 \times$ (좌, 우) $= 46$개

- H_1 : 부벽 그림에서 수평선으로 표시되어 있는 철근이 H_1에 해당되는 철근이다.

  ➡ $H_1 = 20$개

- B : 부벽 그림에서 경사선으로 표시되어 있는 철근으로 부벽 좌, 우측에 1개씩 배치된다.

    ➡ B = 2개

- S_4 : 부벽 그림에서 사선으로 표시되어 있는 철근이 S_4에 해당되는 철근이다.

    ➡ S_4 = 31개

- $S_1 = \dfrac{\text{저판에 있는 } S_1 \text{ 갯수}}{S_1 \text{ 철근의 간격} \times 2} \times \text{옹벽의 길이} = \dfrac{1}{0.5\text{m} \times 2} \times 3.5\text{m} = 3.5$개

- $S_2 = \dfrac{\text{저판에 있는 } S_2 \text{ 갯수}}{S_2 \text{ 철근의 간격} \times 2} \times \text{옹벽의 길이} = \dfrac{11}{0.5\text{m} \times 2} \times 3.5\text{m} = 38.5$개

- $S_3 = \dfrac{\text{저판에 있는 } S_3 \text{ 갯수}}{S_3 \text{ 철근의 간격} \times 2} \times \text{옹벽의 길이} = \dfrac{10}{0.5\text{m} \times 2} \times 3.5\text{m} = 35$개

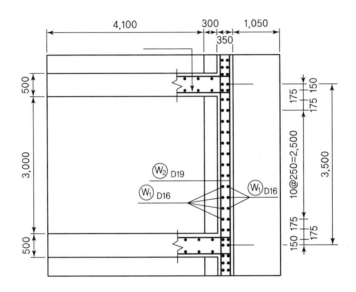

- W_1 : 3.5m 사이에 있는 점으로 표시되어 있는 철근이 W_1에 해당되는 철근이다.

    ➡ W_1 = 32개

- F_3 : W_1 철근과 직각으로 배근되는 저판에 해당되는 철근으로 W_1 철근 수량과 같다.

    ➡ F_3 = 32개

- $F_4 = \dfrac{\text{옹벽의 길이}}{F_4 \text{ 철근간격}} = \dfrac{3.5\text{m}}{0.25\text{m}} = 14$개

- $K_1 = \dfrac{\text{옹벽의 길이}}{K_1 \text{ 철근간격}} = \dfrac{3.5\text{m}}{0.175\text{m}} = 20$개

- $F_5 = \dfrac{\text{옹벽의 길이}}{F_5 \text{ 철근간격}} = \dfrac{3.5\text{m}}{0.5\text{m}} = 7$개

- $K_2 = 10$개

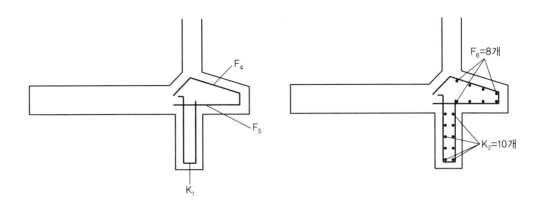

(2) 철근표 작성

기호	철근 직경(D)	본당길이 (mm)	수량	총길이 (mm)	단위중량 (kg/m)	총중량 (kg)	비고(t)
F_1	D_{22}	3,500	28	98,000			
F_2	D_{22}	3,832	11	42,152			
소 계				140,152	3.04	426.062	0.426t
W_2	D_{19}	3,500	42	147,000			
W_3	D_{19}	3,674	21	77,154			
K_1	D_{19}	4,068	20	81,360			
소 계				305,514	2.25	687.407	0.687t
W_1	D_{16}	8,800	32	281,600			
F_4	D_{16}	2,756	14	38,584			
F_5	D_{16}	1,350	7	9,450			
H_1	D_{16}	6,070	20	121,400			
H_2	D_{16}	4,433	46	203,918			
B	D_{16}	10,345	2	20,690			
소 계				675,842	1.56	1,054.31352	1.054t
F_3	D_{13}	4,650	32	148,800			
F_6	D_{13}	3,500	8	28,000			
K_2	D_{13}	3,500	10	35,000			
S_1	D_{13}	1,775	3.5	6,213			
S_2	D_{13}	539	38.5	20,751.5			
S_3	D_{13}	346	35	12,110			
S_4	D_{13}	471	31	14,601			
소 계				265,475	0.995	264.147	0.264
총 계						2,431.9	2.4319(t)

SECTION 07 뒷부벽식 옹벽

조건 주어진 도량과 물량 산출 시 주의사항을 잘 읽고 다음 물량의 산출근거와 답을 주어진 답안지에 기록하시오.

1. 물량 산출

(1) 길이 3.5m(간격)에 대한 콘크리트량을 구하시오.

(2) 길이 3.5m에 대한 거푸집량을 구하시오.(단, 양쪽 마구리면은 무시함)

(3) 길이 3.5m에 대한 철근량 산출을 철근표에 작성하여 계산하시오.(단, 철근의 단위중량은 $D_{13} = 0.995kg/m$, $D_{16} = 1.56kg/m$, $D_{19} = 2.25kg/m$, $D_{22} = 3.04kg/m$, $D_{29} = 5.04kg/m$)

2. 물량 산출 시 주의사항

(1) 콘크리트량과 거푸집량은 소수점 넷째자리에서 반올림하고, 철근수량은 소수점 셋째자리, 철근 길이는 소수 넷째자리에서 반올림하시오.

(2) 거푸집량은 경사가 45° 이상인 부분만 산출하시오.

3. 철근의 배근간격

(1) F_4 철근은 500mm 간격으로 배근한다.

(2) F_5 철근은 250mm 간격으로 배근한다.

(3) F_6 철근은 250mm 간격으로 배근한다.

(4) H 철근은 부벽에서 배근되는 것이 아니고, W_1 철근과 같은 간격으로 배근되는 헌치(Haunch) 철근이다.

해설

① 콘크리트량

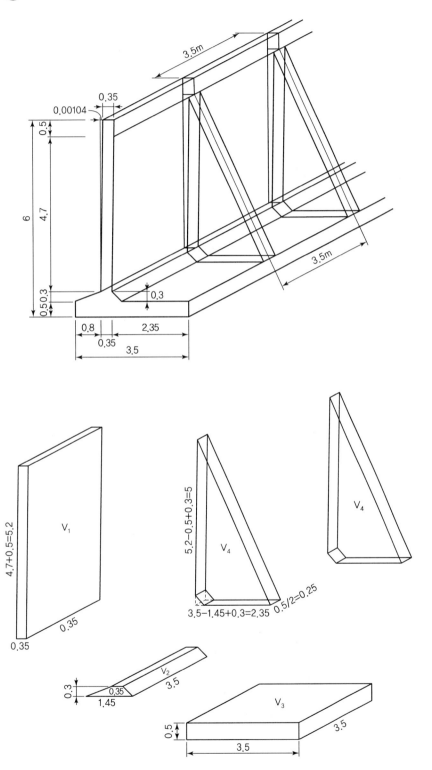

- $V_1 = 0.35 \times 5.2 \times 3.5 = 6.370 \text{m}^3$

- $V_2 = \left(\dfrac{0.35 + 1.45}{2}\right) \times 0.3 \times 3.5 = 0.945 \text{m}^3$

- $V_3 = 0.5 \times 3.5 \times 3.5 = 6.125 \text{m}^3$

☞ $\text{DI}' : \text{I'I} = (\text{DI}' - \text{IB}) : x$

$\quad 5,200 : 104 = (5,200 - 500) : x$

$\quad x = 94$

- $A_4 = \square \text{B'OGP} - \triangle \text{B'BD} - \triangle \text{BOG} - \triangle \text{DPF}$

$\quad = (2.35 \times 5) - \left(0.094 \times 4.7 \times \dfrac{1}{2}\right)$

$\quad\quad - \left(2.256 \times 5 \times \dfrac{1}{2}\right) - \left(0.3 \times 0.3 \times \dfrac{1}{2}\right)$

$\quad = 11.75 - 0.2209 - 5.64 - 0.045 = 5.8441 \text{m}^2$

- $V_4 = A_4 \times$ 부벽의 두께 $= 5.8441 \times 0.5\text{m} = 2.92205 \text{m}^3$

콘크리트량 $\sum V = V_1 \sim V_4 = 16.362 \text{m}^3$

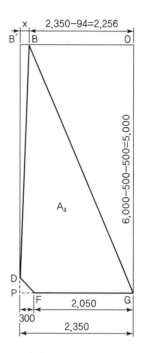

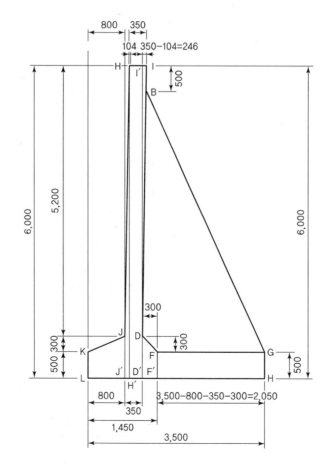

(1) $A_1 = \dfrac{(0.5+0.8)}{2} \times 0.8 = 0.52\text{m}^2$　　　　(2) $A_2 = \dfrac{(0.8+6)}{2} \times 0.104 = 0.3536\text{m}^2$

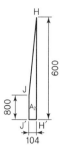

(3) $A_3 = 6 \times 0.246 = 1.476\text{m}^2$　　　　(4) $A_4 = \dfrac{1}{2} \times 5.2 \times 0.104 = 0.2704\text{m}^2$

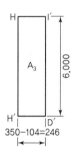
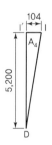

(5) $A_5 = \dfrac{(0.8+0.5)}{2} \times 0.3 = 0.195\text{m}^2$　　　　(6) $A_6 = 2.05 \times 0.5 = 1.025\text{m}^2$

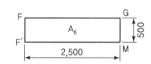

$$V_1 = (A_1 \sim A_6) \times 옹벽의 \ 길이 = 3.84 \times 3.5\text{m} = 13.44\text{m}^3$$

☞ $DI' : I'I = (DI' - IB) : x$

　　$5,200 : 104 = (5,200 - 500) : x$

　　　　$x = 94$

(7) $A_4 = \square\,B'OGP - \triangle B'BD - \triangle BOG - \triangle DPF$

　　　$= (2.35 \times 5) - \left(0.094 \times 4.7 \times \dfrac{1}{2}\right)$

　　　　$- \left(2.256 \times 5 \times \dfrac{1}{2}\right) - \left(0.3 \times 0.3 \times \dfrac{1}{2}\right)$

　　　$= 11.75 - 0.2209 - 5.64 - 0.045 = 5.8441\text{m}^2$

　　$V_2 = A_7 \times 부벽의 \ 두께 = 5.8441 \times 0.5\text{m} = 2.92205\text{m}^3$

∴ 총콘크리트량 $= V_1 + V_2$

　　　　　　$= 13.44 + 2.92205 = 16.362\text{m}^3$

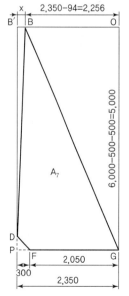

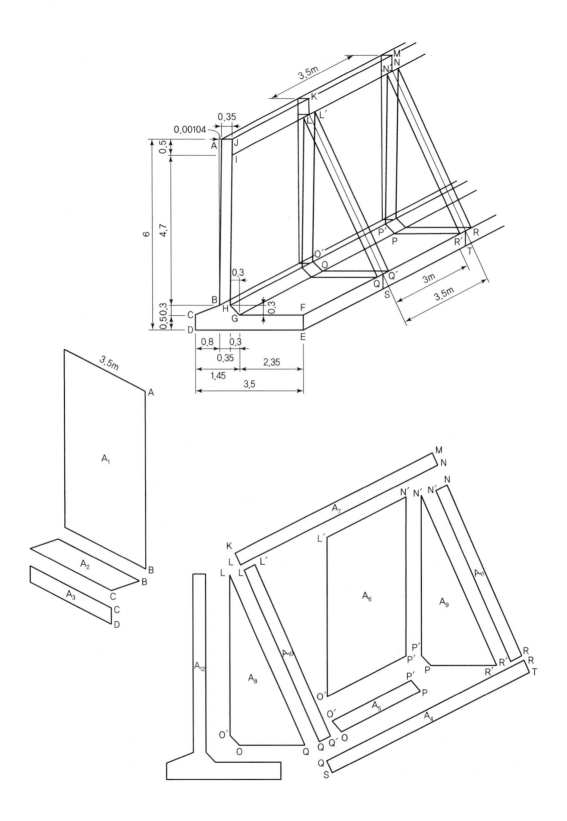

2 거푸집 면적

- $A_1 = \overline{AB} \times 3.5 = \sqrt{(0.104)^2 + 5.2^2} \times 3.5 = 18.20\text{m}^2$

- $A_2 = 45°$ 이하는 생략(상면 노출부는 생략)

- $A_3 = \overline{CD} \times 3.5 = 0.5 \times 3.5 = 1.75\text{m}^2$

- $A_4 = \square \text{QRST} = 0.5 \times 3.5 = 1.75\text{m}^2$

- $A_5 = \square \text{OO′P′P} = \sqrt{(0.3)^2 + (0.3)^2} \times 3 = 1.27\text{m}^2$

- $A_6 = \square \text{L′O′P′N′} = (5-3) \times 3 = 14.10\text{m}^2$

- $A_7 = \square \text{KLNM} = 0.5 \times 3.5 = 1.75\text{m}^2$

- $A_8 = \triangle \text{OO′LQ} = 5.8441\text{m}^2$(콘크리트량 계산 참고)

- $A_9 = \triangle \text{P′PR′N′} = 5.8441\text{m}^2$(콘크리트량 계산 참고)

- $A_{10} = \square \text{LL′Q′Q} = \text{LQ} \times \dfrac{\text{부벽두께}}{2} = \sqrt{5^2 + (2.35 - 0.094)^2} \times \dfrac{0.5}{2} = 1.371348\text{m}^2$

- $A_{11} = \square \text{NRR′N′} = \text{NR} \times \dfrac{\text{부벽두께}}{2} = \sqrt{5^2 + (2.35 - 0.094)^2} \times \dfrac{0.5}{2} = 1.371348\text{m}^2$

- $A_{12} = $ 마구리면은 무시

$\sum A = 53.25\text{m}^2$

3 철근수량

기호	지름	수량	기호	지름	수량
W_1	D_{13}	32	H	D_{16}	13
W_2	D_{16}	34	H_1	D_{16}	10
W_3	D_{16}	13	H_2	D_{16}	18
F_1	D_{19}	18	B_1	D_{25}	2
F_2	D_{19}	7	B_2	D_{25}	2
F_3	D_{13}	32	S_1	D_{13}	4
F_4	D_{16}	7	S_2	D_{13}	24
F_5	D_{16}	14	S_3	D_{13}	24
F_6	D_{13}	6	S_4	D_{13}	10

Chapter 02

도로암거

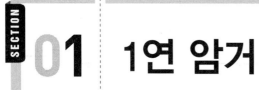

SECTION 01 1연 암거

조건 주어진 도면과 물량 산출 시 주의사항을 잘 읽고 다음 물량의 산출근거와 답을 주어진 답안지에 기록하시오.

1. 물량 산출

(1) 길이 1.2m에 대한 기초와 구체콘크리트량을 구분하여 구하시오.

(2) 길이 1.2m에 대한 거푸집량을 구하시오. 단, 기초와 마구리면은 무시함

(3) 길이 1.2m에 대한 터파기량을 구하시오. 단, 지형상태는 일반도와 같으며 기초 콘크리트 양 끝에서 50cm 여유 폭을 두고 비탈 기울기는 1 : 0.5로 함

(4) 길이 1.2m에 대한 철근 물량표를 완성하시오.(단, 철근의 단위중량은 $D_{13} = 0.995kg/m$, $D_{16} = 1.56kg/m$, $D_{19} = 2.25kg/m$, $D_{22} = 3.04kg/m$, $D_{25} = 3.98kg/m$)

2. 물량 산출 시 주의사항

(1) 콘크리트량과 거푸집량은 소수점 넷째자리에서 반올림하고, 철근 수량은 소수점 셋째자리, 철근 길이는 소수점 넷째자리에서 반올림하시오.

(2) 거푸집량은 경사가 45° 이상인 부분만 산출하고, 흙과 접하는 기초 콘크리트 하면과 상면의 산출은 무시한다. 또한 양쪽 측면(마구리면)의 산출은 무시한다.

(3) 물량을 산출할 때 할증률은 무시한다.

(4) 물량 산출 답안지는 도면 작도에 앞서 제한시간 이내에 산출하여야 한다. 또한, 답안지는 볼펜이나 만년필을 사용하여 작성한다.

3. 철근의 배근 간격

철근 간격은 $S_1 \sim S_8$ 철근이 300mm 간격으로 배근한다.

1 콘크리트량

(1) 구체 콘크리트량

- $A_1 = \square AA'B'B = 0.3 \times 3.65 = 1.095 \text{m}^2$
- $A_2 = \square H'HGG' = 0.3 \times 3.65 = 1.095 \text{m}^2$
- $A_3 = A'H'P'J' = 0.35 \times 2.5 = 0.875 \text{m}^2$
- $A_4 = L'M'G'B' = 0.3 \times 2.5 = 0.75 \text{m}^2$
- $A_5 = J'IJ = 0.2 \times 0.2 \times \dfrac{1}{2} \times 4 = 0.08 \text{m}^2$

- 계 $= 3.895 \text{m}^2$

  $\therefore$ 구체 콘크리트량

  $\quad = (A_1 \sim A_5) \times$ 길이 1.2m

  $\quad = 3.895\text{m} \times 1.2\text{m} = 4.674\text{m}^3$

(2) 기초 콘크리트량

  $= A_6 \times$ 길이(1.2m)

  $= 3.3 \times 0.1 \times 0.12 = 0.0396\text{m}^3$

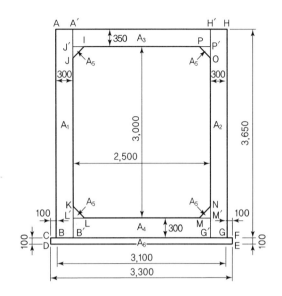

2 거푸집량

(1) 외벽 $= (\overline{AB} \times$ 길이 $1.2\text{m}) + (\overline{HG} \times$ 길이 $1.2\text{m})$

  $= (3.65 \times 1.2) \times 2 = 8.75 \text{m}^2$

(2) 내벽 $= (\overline{JK} \times$ 길이 $1.2\text{m}) + (\overline{ON} \times$ 길이 $1.2\text{m})$

  $= (2.6 \times 1.2) \times 2 = 6.24 \text{m}^2$

  (여기서, $2.6 = 3.0 - 0.2 - 0.2$)

(3) 정판 $= \overline{IP} \times$ 길이 1.2m

  $= 2.1 \times 1.2 = 2.52 \text{m}^2$

  (여기서, $2.1 = 2.5 - 0.2 - 0.2$)

(4) 헌치 $= (\overline{IJ} \times$ 길이 $1.2\text{m}) + (\overline{PO} \times$ 길이 $1.2\text{m})$

  $\quad + (\overline{KL} \times$ 길이 $1.2\text{m}) + (\overline{NM} \times$ 길이 $1.2\text{m})$

  $= \sqrt{(0.2)^2 + (0.2)^2} \times 4$개 $\times 1.2 = 1.3572 \text{m}^2$

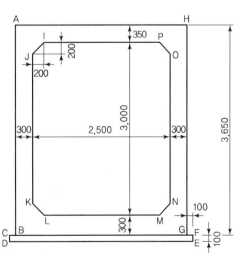

계 $= \therefore (1) \sim (4) = 18.867 \text{m}^2$

③ 터파기량(일반도 참고)

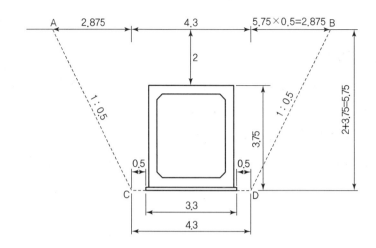

$\therefore$ 터파기량 $= \overline{\diagdown\diagup}$ ABCD $\times$ 길이 1.2m

$$= (4.3 + 4.3 + 5.75) \times 5.75 \times \frac{1}{2} \times 1.2\text{m} = 49.5075\text{m}^3$$

④ 철근 수량

(1) $S_1 = S_6 = S_7 = S_8 = \dfrac{\text{길이}}{\text{S 간격}} = \dfrac{1.2\text{m}}{0.3\text{m}} = 4\text{개} \times 2 = 8\text{개}$

                          └→ 주철근 조립도에서 2개씩 표시되어 있음

(2) $S_2 = S_3 = S_4 = S_5 = \dfrac{\text{길이}}{\text{S 간격}} = \dfrac{1.2\text{m}}{0.3\text{m}} = 4\text{개}$

(3) S_9 : 문제 단면도에서 정판 저판에 점으로 표시되어 있는 철근이 S_9 철근에 해당된다.

      ➡ $S_9 = 28\text{개} \times 2(\text{정판, 저판}) = 56$

(4) S_{10} : 문제 단면도에서 측벽에 점으로 표시되어 있는 철근이 S_{10} 철근에 해당된다.

      ➡ $S_{10} = 9\text{개} \times 4\text{개}(\text{측벽}) = 36$

(5) $F_1 = \dfrac{\text{단면도 그림에서 } F_1 \text{ 철근 수}}{\text{S 철근 간격} \times 2} \times \text{길이} = \dfrac{3}{0.3 \times 2} \times 1.2\text{m} = 6$

(6) $F_2 = \dfrac{\text{단면도 그림에서 } F_2 \text{ 철근 수}}{\text{S 철근 간격} \times 2} \times \text{길이} = \dfrac{3}{0.3 \times 2} \times 1.2\text{m} = 6$

(7) $F_3 = \dfrac{\text{단면도 그림에서 } F_3 \text{ 철근 수}}{\text{S 철근 간격} \times 2} \times \text{길이} = \dfrac{8}{0.3 \times 2} \times 1.2\text{m} = 16$

(8) 철근표 작성

기호	철근 직경(D)	본당길이 (mm)	수량	총길이 (mm)	단위중량 (kg/m)	총중량 (kg)	비고(t)
S_7	D_{13}	1,089	8.0	8,712	0.995	8.6684	0.0087
S_8	D_{13}	1,017	8.0	8,136	0.995	8.0953	0.0081
S_{10}	D_{13}	1,000	36.0	36,000	0.995	35.8200	0.0358
F_1	D_{13}	906	6.0	5,436	0.995	5.4088	0.0054
F_2	D_{13}	812	6.0	4,872	0.995	4.8478	0.0048
F_3	D_{13}	340	16.0	5,440	0.995	5.4128	0.0054
소 계				68,596		68.2530	0.0683
S_6	D_{16}	3,020	8.0	24,160	1.560	37.6896	0.0377
소 계		3,020	8.0	24,160	1.560	37.6896	0.0377
S_1	D_{19}	6,262	8.0	50,096	2.250	112.7160	0.1127
S_9	D_{19}	1,000	56.0	56,000	2.250	126.000	0.1260
소 계				106,096		238.7160	0.2387
S_2	D_{22}	4,978	4.0	19,912	3.040	60.5325	0.0605
S_3	D_{22}	4,936	4.0	19,774	3.040	60.0218	0.0680
S_5	D_{22}	2,970	4.0	11,880	3.040	36.1152	0.0361
소 계				51,536			
S_4	D_{25}	2,970	4.0	11,880	3.980	47.2824	0.0493
소 계				11,880		47.2824	0.0493

SECTION 02 원형 암거

조건 주어진 도면과 물량 산출 시 주의사항을 잘 읽고 다음 물량의 산출근거와 답을 주어진 답안지에 기록하시오.

1. 물량 산출

(1) 길이 1m에 대한 콘크리트량을 계산하시오.

(2) 길이 1m에 대한 거푸집량을 구하시오.(단, 마구리면은 무시)

(3) 길이 1m에 대한 철근량을 철근표 작성으로 산출하시오.(단, 철근의 단위중량은 $D_{13} = 0.995$ kg/m, $D_{16} = 1.56$kg/m, $D_{19} = 2.25$kg/m, $D_{22} = 3.04$kg/m)

2. 철근의 배근간격

철근 간격은 $S_1 \sim S_6$, H 철근의 300mm 간격으로 배근한다.

1 콘크리트량

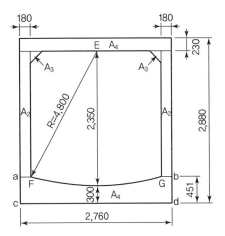

- $A_1 = 2.76 \times 0.23 = 0.6348 \text{m}^2$

- $A_2 = 0.18 \times (2.88 - 0.23 - 0.451) \times 2$
  $= 0.18 \times 2.199 \times 2 = 0.79164 \text{m}^2$

- $A_3 = (0.24 \times 0.24 \times \dfrac{1}{2}) \times 2 = 0.0576 \text{m}^2$

- $A_4 =$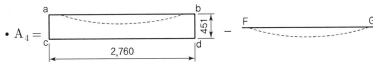

$=$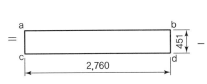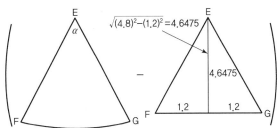

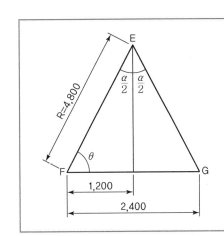

$$\cos\theta = \frac{1200}{4800} = 0.25 \, (\theta = 75° \ 31' \ 20.96'')$$

$$\frac{\alpha}{2} = 180 - 90 - \theta = 180 - 90 - 75° \ 31' \ 20.96''$$

$$\alpha = 28° \ 57' \ 18.08''$$

$$= (2.76 \times 0.451) - \left[\left(\frac{28° \ 57' \ 18.08''}{360°} \times \pi \times 4.8^2\right) - \left(2.4 \times 4.6475 \times \frac{1}{2}\right)\right]$$

$$= 1.002958734 \text{m}^2$$

계 2.487m^2

∴ 콘크리트량 $= (A_1 \sim A_4) \times$ 암거길이 $= 2.487 \times 1\text{m} = 2.486998734 \text{m}^2$

☑ 거푸집량

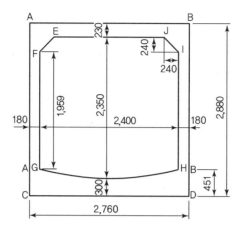

(1) 외벽

① $A_1 = \overline{AC} \times$ 암거길이 $= 2.88 \times 1m = 2.88m^2$

② $A_2 = \overline{BD} \times$ 암거길이 $= 2.88 \times 1m = 2.88m^2$

(2) 내벽

① $A_3 = \overline{FG} \times$ 암거길이 $= (2.35 - (0.451 - 0.3) - 0.24) \times 1m = 1.959m^2$

② $A_4 = \overline{IH} \times$ 암거길이 $= (2.35 - (0.451 - 0.3) - 0.24) \times 1m = 1.959m^2$

(3) 헌치

① $A_5 = \overline{EF} \times$ 암거길이 $= \sqrt{(0.24)^2 + (0.24)^2} \times 1m = 0.3394m^2$

② $A_6 = \overline{JI} \times$ 암거길이 $= \sqrt{(0.24)^2 + (0.24)^2} \times 1m = 0.3394m^2$

(4) 정판

① $A_7 = \overline{EJ} \times$ 암거길이 $= 1.92 \times 1m = 1.920m^2$

∴ 거푸집량 $= A_1 \sim A_7 = 12.277m^2$

③ 철근 수량

(1) $S_1 = S_3 = S_4 = S_5 = \dfrac{\text{암거 길이}}{S \text{ 철근 간격}}$

$= \dfrac{1m}{0.3m} = 3.33$개

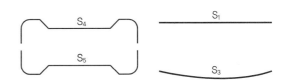

(2) $S_2 = H = \dfrac{\text{암거 길이}}{S \text{ 철근 간격}} \times 2$개

$= \dfrac{1m}{0.3m} \times 2 = 6.67$개

↳ 주철근 조립도에서 S_2, H 는 2개씩 배근되어 있다.

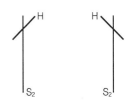

(3) F : 점으로 표시되어 있는 철근이 F에 해당된다.

➡ F = 42

(4) $S_6 = \dfrac{1m}{0.3m} \times 4 = 13.33$개

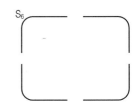

(5) **철근표 작성**

기호	직경	길이(mm)	수량	총길이(mm)	비고
S_1	D_{22}	2,680	3.33	8,924	
S_2	D_{22}	2,800	6.67	18,676	
S_3	D_{19}	2,716	3.33	9,044	
S_4	D_{16}	4,438	3.33	14,779	
S_5	D_{16}	4,478	3.33	14,912	곡선부를 계산하면 $1320 - 1324$
S_6	D_{19}	1,890	13.33	25,194	
H	D_{16}	890	6.67	5,936.3	
F	D_{13}	1,000	42	42,000	

슬래브 교량 구조물

도로교 상부구조(DB-24)

주어진 DB-24 슬래브교(도로교 상부의 구조 정면도, 철근 상세도, 측면도를 보고 다음 요구에 답하시오.

조건 주어진 도면과 물량 산출 시 주의사항을 잘 읽고 다음 물량의 산출근거와 답을 주어진 답안지에 기록하시오.

1. 물량 산출

(1) 한 지간(1 Span)에 대한 콘크리트량을 구하시오.

(2) 한 지간(1 Span)에 대한 아스팔트 포장면적을 구하시오.

(3) 한 지간(1 Span)에 대한 거푸집량을 구하시오.

(4) 한 지간(1 Span)에 대한 철근량 산출을 위한 철근표를 작성하시오.(단, 철근 이음계산을 하지 아니하며, 철근의 단위중량은 $D_{13}=0.995$kg/m, $D_{16}=1.56$kg/m, $D_{25}=3.98$kg/m, $D_{32}=6.23$kg/m)

2. 철근의 배근 간격

(1) S_1, S_2 철근은 200mm 간격으로 배근한다.

(2) B_1, B_2 철근은 400mm 간격으로 배근한다.

(3) D_1 철근은 양 끝에서만 100mm 간격이고 전부 150mm 간격으로 배근한다.

(4) D_2, C_1 철근은 양 끝에서만 100mm, 다음에서 150mm 간격이고 중앙 부분에서는 300mm로 배근한다.

1 슬래브교의 물량 산출

(1) 콘크리트량

도로교 상부 구조의 콘크리트량 산정은 다음과 같이 계산된다.

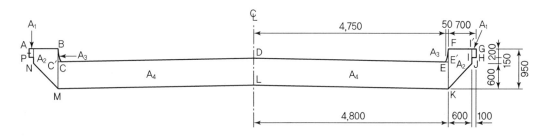

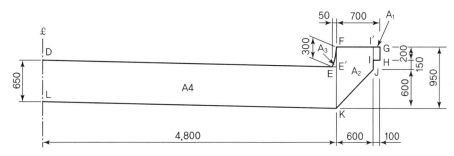

① $A_1 = (0.1 \times 0.2) = 0.02\text{m}^2$

② $A_2 = (0.95 + 0.35) \times 0.6 \times \dfrac{1}{2} = 0.39\text{m}^2$

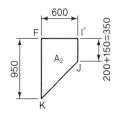

③ $A_3 = (0.3 \times 0.05) \times \dfrac{1}{2} = 0.0075\text{m}^2$

④ $A_4 = 0.65 \times 4.8 = 3.12\text{m}^2$

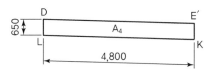

$\therefore$ 총 콘크리트량 $V = (A_1 + A_2 + A_3 + A_4) \times 2 \times$측면도 길이

$$= 3.5375 \times 2 \times 9.98 = 70.6085\text{m}^3 = 70.61\text{m}^3$$

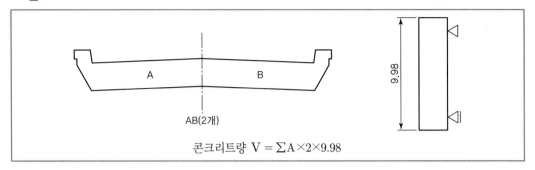

$$콘크리트량 \ V = \sum A \times 2 \times 9.98$$

콘크리트량(모범답안)

- $V_1 = 4.8 \times 0.65 \times 9.98 = 31.1376 \text{m}^3$

- $V_2 = \dfrac{0.15 + 0.75}{2} \times 0.6 \times 9.98 = 2.6946 \text{m}^3$

- $V_3 = \dfrac{0.30 + 0.05}{2} \times 9.98 = 0.0749 \text{m}^3$

- $V_4 = 0.7 \times 0.2 \times 9.98 = 1.3972 \text{m}^3$

$$\sum V = 35.3043$$

$$\therefore \ 콘크리트량 = \sum V \times (좌 \cdot 우) = 35.3043 \times 2 = 70.6086 \text{m}^3$$

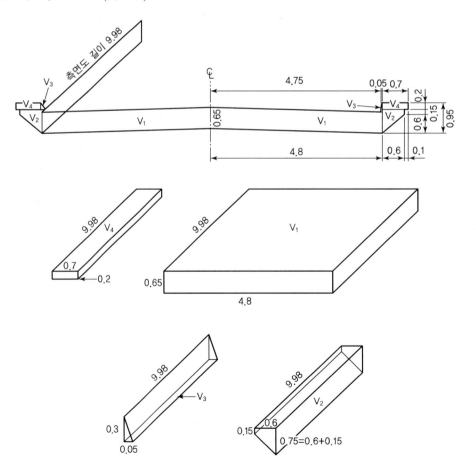

(2) 아스팔트 콘크리트량 및 포장면적

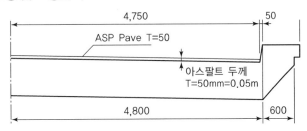

① 아스팔트 콘크리트량

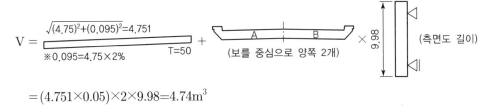

$$= (4.751 \times 0.05) \times 2 \times 9.98 = 4.74 \text{m}^3$$

② 아스팔트 포장면적

$A = 4.751 \times 2 \times 9.98$ ⬅ 포장면적은 T = 50을 곱하지 않는다.

$\quad = 94.83 \text{m}^2$

③ 포장면적

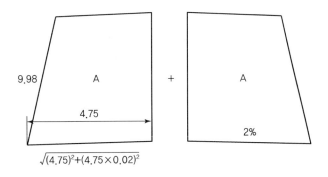

$$\sum A = \sqrt{(4.75)^2 + (4.75 \times 0.02)^2} \times 9.98 \times 2$$
$$\quad = 94.83 \text{m}^2$$

④ 아스팔트 포장량 = 포장면적×두께
$$\quad = 94.83 \times 0.05$$
$$\quad = 4.74 \text{m}^3$$

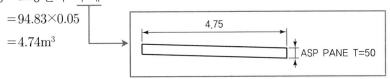

(3) 거푸집 면적

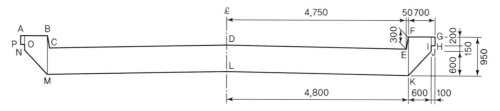

① $A_1 = (\overline{GH} \times 측면도\ 길이) + (\overline{AP} \times 측면도\ 길이)$
$\qquad = (0.2 \times 9.98) \times 2 = 3.992\text{m}^2$

② $A_2 = (\overline{IH} \times 측면도\ 길이) + (\overline{PO} \times 측면도\ 길이)$
$\qquad = (0.1 \times 9.98) \times 2 = 1.996\text{m}^2$

③ $A_3 = (\overline{IJ} \times 측면도\ 길이) + (\overline{ON} \times 측면도\ 길이)$
$\qquad = (0.15 \times 9.98) \times 2 = 2.994\text{m}^2$

④ $A_4 = (\overline{JK} \times 측면도\ 길이) + (\overline{NM} \times 측면도\ 길이)$
$\qquad = \left(\sqrt{(0.6)^2 + (0.6)^2} \times 9.98\right) \times 2 = 16.9366\text{m}^2$

⑤ $A_5 = (\overline{LK} \times 측면도\ 길이) + (\overline{ML} \times 측면도\ 길이)$
$\qquad = \left(\sqrt{(4.8)^2 + (4.8 \times 0.02)^2} \times 9.98\right) \times 2 = 95.827\text{m}^2$

⑥ $A_6 = (\overline{EF} \times 측면도\ 길이) + (\overline{BC} \times 측면도\ 길이)$
$\qquad = \left(\sqrt{(0.3)^2 + (0.05)^2} \times 9.98\right) \times 2 = 6.070597\text{m}^2$

⑦ $A_7 = $

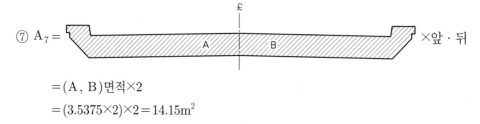

$\times$ 앞 · 뒤

$\qquad = (A,\ B)면적 \times 2$
$\qquad = (3.5375 \times 2) \times 2 = 14.15\text{m}^2$

∴ 거푸집량 $A = A_1 \sim A_7 = 141.966\text{m}^2$

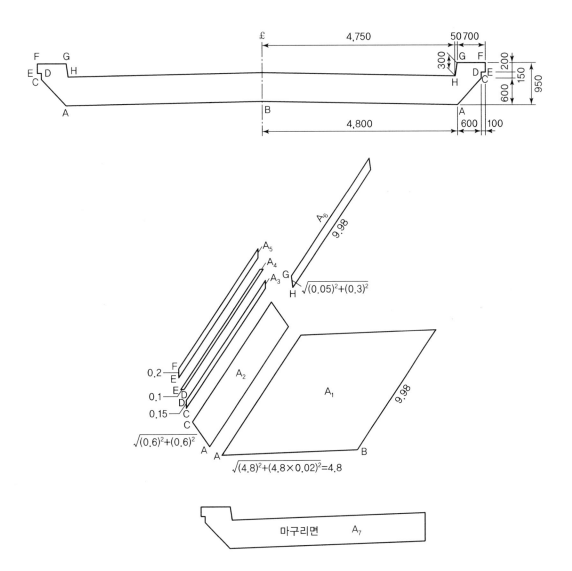

도로교 상부 구조의 거푸집 면적은 다음과 같이 계산된다.

- $\overline{\mathrm{AB}}$ 면의 거푸집 면적

  $A_1 = 4.8 \times 9.98 = 47.904\mathrm{m}^2$

- $\overline{\mathrm{AC}}$ 면의 거푸집 면적

  $A_2 = \sqrt{0.6^2 + 0.6^2} \times 9.98 = 8.468\mathrm{m}^2$

- $\overline{\mathrm{CD}}$ 면의 거푸집 면적

  $A_3 = 0.15 \times 9.98 = 1.497\mathrm{m}^2$

- $\overline{\mathrm{DE}}$ 면의 거푸집 면적

  $A_4 = 0.1 \times 9.98 = 0.998\mathrm{m}^2$

- $\overline{\mathrm{EF}}$ 면의 거푸집 면적

  $\mathrm{A}_5 = 0.2 \times 9.98 = 1.996\mathrm{m}^2$

- $\overline{\mathrm{GH}}$ 면의 거푸집 면적

  $\mathrm{A}_6 = \sqrt{0.3^2 + 0.05^2} \times 9.98 = 3.035\mathrm{m}^2$

- 슬래브의 마구리면 거푸집 면적

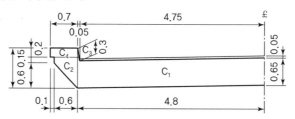

$\mathrm{C}_1 = 4.8 \times 0.65 = 3.12\mathrm{m}^2$

$\mathrm{C}_2 = \dfrac{0.15 + 0.75}{2} \times 0.6 = 0.27\mathrm{m}^2$

$\mathrm{C}_3 = \dfrac{0.30 \times 0.05}{2} = 0.0075\mathrm{m}^2$

$\mathrm{C}_4 = 0.7 \times 0.2 = 0.14\mathrm{m}^2$

$\mathrm{A} = \mathrm{C}_1 + \mathrm{C}_2 + \mathrm{C}_3 + \mathrm{C}_4$

$\quad = 3.12 + 0.27 + 0.0075 + 0.14 = 3.5375\mathrm{m}^2$

∴ 마구리면 거푸집 면적

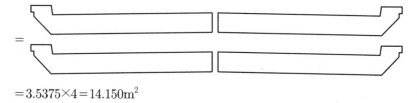

$= 3.5375 \times 4 = 14.150\mathrm{m}^2$

거푸집 면적은 중심선을 중심으로 한쪽면만 계산되었으므로 양 측면을 계산하면 다음과 같다.

총 거푸집 면적 $= (47.904 + 8.468 + 1.497 + 0.998 + 1.996 + 3.035) \times 2 + 14.15$

$\qquad\qquad = 141.946\mathrm{m}^2$

(4) 철근 수량 및 철근표

① S₁ 철근 수량

정면도 좌측에

S₁의 간격은 200mm

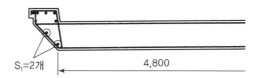

S₁=2개   4,800

$$S_1 = \frac{4,800}{200} + 처음 것(\bullet) = 24 + 1 = 25$$

$\therefore\ \mathcal{L}$ 을 중심으로 대칭이므로 $25 \times 2 = 50$

$\quad \therefore\ 50 - 1 = 49 + \circledbullet$(양쪽 1개씩)   ⌐→ 이 개수는 $\mathcal{L}$ 에 있는 S_1 철근을

$\qquad\qquad\quad = 49 + 2 = 51$ 겹친 수치이므로 -1 해야 한다.

$$또는 \left[\left\{\frac{4.8}{0.2} \times 2(양면) + 1\right\} + 2개(양쪽)\right] = 51개$$

② S₂ 철근 수량

24@200=4,800

S₂=5개

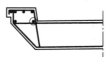

(정면도 참고)

$S_2 = 24 + 처음것 \circledbullet + 5개$

$\quad = 24 + 1 + 5 = 30개$

대칭이므로

$\therefore\ 30 \times 2 = 60 = 60 - 1 = 59$

$\qquad$ ⌐→ $\mathcal{L}$ 에서 중복되는 것 제외

③ B₁ 철근 수량

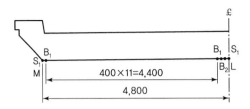

문제 도면 정면도 우측에

$B_1 = (\overline{ML}\,$구간에서$\,B_1\,$철근 간격 수$\,+1)\times$좌우대칭

$= \left(\dfrac{4,400}{400}+1\right)\times 2 = 12\times 2 = 24$개

④ B₂ 철근 수량

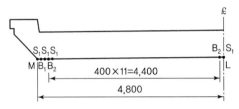

문제 도면 정면도 우측에

$B_2 = (\overline{ML}\,$구간에서$\,B_2\,$철근 간격 수$\,+1)\times$좌우대칭

$= \left(\dfrac{4,400}{400}+1\right)\times 2 = 12\times 2 = 24$개

⑤ D_2 철근 수량

　　D_2 = 측면도 상부에 있는 '점' 철근에 해당

　　　　 = 6 + 26 + 6 + 처음 것 + ◉2개

　　　　 = 6 + 26 + 6 + 1 + 2 = 41개

　　(또는 상단철근·개수를 직접 센다.)

⑥ D_1 철근 수량

　　D_1 = 측면도 하부에 있는 '점' 철근에 해당

　　　　 = 64 + ◉처음 것 + ◉̇^{A}, ◉̇^{B}

　　　　 = 64 + 1 + 2 = 67개

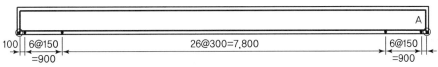

D_2의 개수 : 측면도 참고

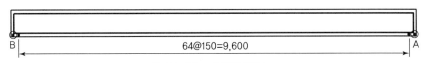

D_1의 개수 : 측면도 참고

⑦ C_1 철근 수량

　　C_1 = D_2가 있는 곳에 C_1을 배근 = D_2의 개수 × (좌, 우 2개) = 41 × 2 = 82

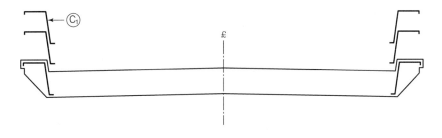

⑧ C_2의 개수 : 철근 간격에 있는 스트럽 철근

$C_2 = 6 \times 11 = 66$개

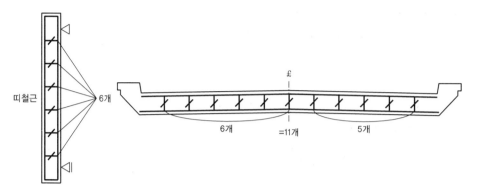

⑨ 철근표

기호	철근 직경(D)	본당길이 (mm)	수량	총길이 (mm)	단위중량 (kg/m)	총중량(t)	비고(kg)
S_1	D_{32}	10,716	51	546,516			
B_1	D_{32}	10,206	24	244,944			
B_2	D_{32}	10,206	24	244,944			
소 계				1,036,404	6.23	6.457	6,456.8
D_1	D_{25}	11,732	67	786,044			
소 계				786,044	3.98	3.128	3,128.46
S_2	D_{16}	10,780	59	636,020			
소 계				636,020	1.56	0.992	992.19
D_2	D_{13}	10,700	41	438,700			
C_1	D_{13}	1,961	82	160,802			
C_2	D_{13}	653	66	43,098			
소 계				642,600	0.995	0.639	639.39
합 계						11.216	11,216.84

SECTION 02 도로교 상부구조(DB-13.5)

주어진 DB-13.5 슬래브교(도로교 상부)의 구조 정면도, 철근상세도, 측면도를 보고 다음 요구에 답하시오.

조건 주어진 도량과 물량 산출 시 주의사항을 잘 읽고 다음 물량의 산출근거와 답을 주어진 답안지에 기록하시오.

1. 물량 산출

(1) 콘크리트량을 구하시오.

(2) 콘크리트 포장의 콘크리트량(m^3)을 구하시오.

(3) 거푸집량을 구하시오.

(4) 철근물량 계산을 위한 철근표를 완성하시오.(단, 철근 중량은 $D_{13}=0.995kg/m$, $D_{16}=1.56$ kg/m, $D_{19}=2.25kg/m$, $D_{22}=3.04kg/m$)

2. 철근의 배근 간격

(1) S_1, S_2 철근은 200mm 간격으로 배근한다.

(2) B_1, B_2 철근은 400mm 간격으로 배근한다.

(3) D_1 철근은 150mm 간격으로 배근한다.

1 콘크리트량

(1) 해법 1

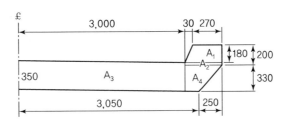

① $A_1 = \left(\dfrac{0.27+0.3}{2}\right) \times 0.18 = 0.0513\text{m}^2$

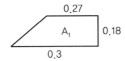

② $A_2 = 0.3 \times 0.02 = 0.006\text{m}^2$

③ $A_3 = 3 \times 0.35 = 1.05\text{m}^2$

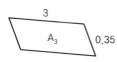

④ $A_4 = \left(\dfrac{0.3+0.05}{2}\right) \times 0.33 = 0.05775\text{m}^2$

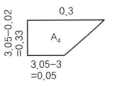

$\therefore$ 콘크리트량 $=(A_1 \sim A_4) \times \boxed{2 \times \text{측면도 길이}}$

$\qquad = 1.16505\text{m}^2 \times 2 \times 5.98\text{m}$

$\qquad = 13,934\text{m}^3$

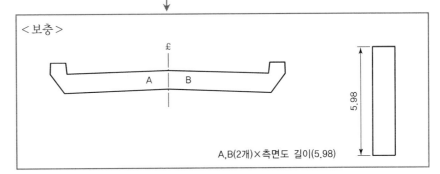

<보충>

A,B(2개)×측면도 길이(5.98)

(2) 해법 2

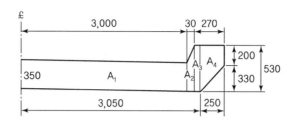

① $A_1 = 3 \times 0.35 = 1.05 \text{m}^2$

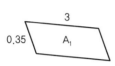

③ $A_3 = 0.02 \times 0.53 = 0.0106 \text{m}^2$

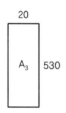

② $A_2 = \left(\dfrac{0.35 + 0.53}{2}\right) \times 0.03 = 0.0132 \text{m}^2$

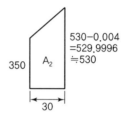

④ $A_4 = \left(\dfrac{0.2 + 0.53}{2}\right) \times 0.25 = 0.09125 \text{m}^2$

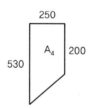

∴ 콘크리트량 $= (A_1 \sim A_4) \times 2 \times$ 측면도 길이

$\qquad = 1.16505 \text{m}^2 \times 2 \times 5.98 \text{m}$

$\qquad = 13,934 \text{m}^3$

② 아스팔트 포장면적 및 콘크리트 포장량

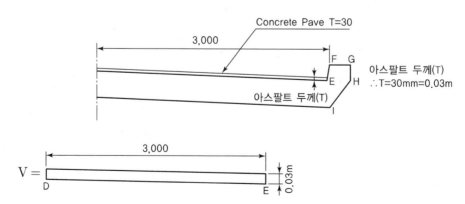

콘크리트 포장면적 $A = \overline{DE} \times$포장두께$\times \pounds$ 을 중심으로 양쪽 2개$\times$측면도 길이

$$= 35.887175 \ (\ast \ \overline{DE} = \sqrt{(3)^2 + (3 \times 0.02)^2} = 3\text{m})$$

콘크리트 포장량 $V = A \times$두께$(0.03) = 35.887175 \times 0.03 = 1.076\text{m}^3$

③ 거푸집량

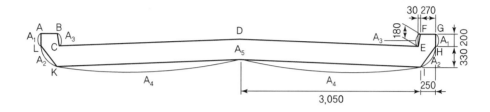

(1) $A_1 = (\overline{GH} \times$측면도 길이$) + (\overline{AL} \times$측면도 길이$)$

$\qquad = (0.2 \times 5.98) \times 2 = 2.392\text{m}^2$

(2) $A_2 = (\overline{IH} \times$측면도 길이$) + (\overline{LK} \times$측면도 길이$)$

$\qquad = \sqrt{(0.33)^2 + (0.25)^2} \times 5.98 \times 2 = 4.95150\text{m}^2$

(3) $A_3 = (\overline{EF} \times$측면도 길이$) + (\overline{BC} \times$측면도 길이$)$

$\qquad = \sqrt{(0.03)^2 + (0.18)^2} \times 5.98 \times 2 = 2.182495\text{m}^2$

(4) $A_4 = (\overline{JI} \times$측면도 길이$) + (\overline{KJ} \times$측면도 길이$)$

$\qquad = \sqrt{(3.05)^2 + (0.061)^2} \times 5.98 \times 2 = 36.485\text{m}^2$

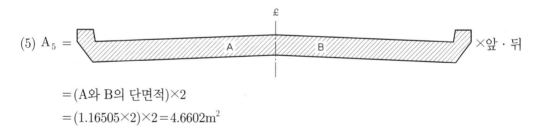

(5) $A_5 =$

$\qquad = $(A와 B의 단면적)$\times 2$

$\qquad = (1.16505 \times 2) \times 2 = 4.6602\text{m}^2$

$\therefore$ 거푸집량 $\sum A = 2,392 + 4.95150 + 2.182495 + 36.485 + 4.6602$

$\qquad\qquad\qquad = 50.671195 \fallingdotseq 50.6712\text{m}^2$

4 철근 수량 및 철근표

(1) S_1 철근 수량

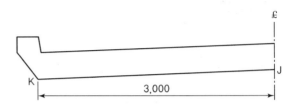

문제도면 정면도 좌측에

S_1의 간격은 200mm

$$S_1 = \frac{\overline{KJ}}{S_1\,철근간격} + K점\,철근$$

$$= \frac{3000}{200} + K점\,철근$$

$$= 15 + 1 = 16$$

∴ $\pounds$ 을 중심으로 대칭이므로 $16 \times 2 = 32$

∴ $32 - 1 = 31$개

이 개수는 $\pounds$ 에 있는 S_1 철근을 겹친 수치이므로 -1 해야 한다.

(2) B_1 철근 수량

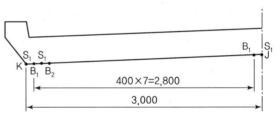

정면도 우측에

400mm

$$B_1 = \left(\frac{2,800}{400} + 1\right) \times 좌,\ 우\ 대칭$$

$$= 8 \times 2 = 16개$$

(3) B_2 철근 수량

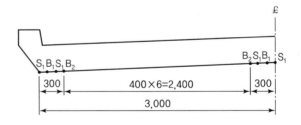

$$B_2 = (B_2\ 간격수 + 1) \times 좌,\ 우\ 대칭$$

$$= \left(\frac{2,400}{400} + 1\right) \times 2$$

$$= 7 \times 2 = 14개$$

(4) S_2 철근 수량

(정면도 그림 참고)

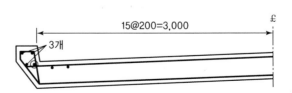

$$S_2 = (S_2\ 간격수 + 1) + 3$$

$$= \left(\frac{3,000}{200} + 1\right) + 3 = 19개$$

대칭이므로 19×2=38개−1

                =37개 $\mathcal{L}$ 에서 중복되는 것 제외(대칭 계산)

(5) D_1 철근 수량

측면도 하부에 있는 점으로 표시되어 있는 것이 D_1 철근에 해당(직접 세서 D_1=39개)

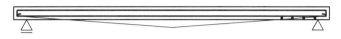

D_1의 개수 : 측면도 참고

(6) D_2 철근 수량

4+처음 것(●)=5개

14+처음 것(●)=15개

4+처음 것(●)=5개

∴ D_2=5+15+5=25개

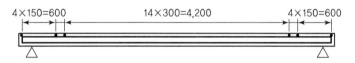

D_2의 개수 : 측면도 참고

(7) C_1 철근 수량

C_1=D_2가 있는 곳에 C_1을 배근

   =D_2의 개수×(좌, 우 2개)

   =25×2=50

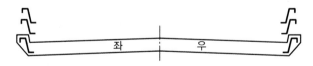

(8) C_2의 개수 : 철근 간격에 있는 스트럽 철근

$C_2 = 7 \times 4 = 28$개

$C_2 = $ 가로 스터럽 철근 $\times$ 세로 스터럽 철근 $= 4 \times 7 = 28$개

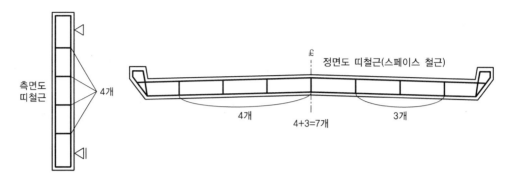

(9) **철근표**

기호	철근 직경(D)	본당길이 (mm)	수량	총길이 (mm)	단위중량 (kg/m)	총중량(t)	비고(kg)
S_1	D_{22}	6,260	31	194,060			
B_2	D_{22}	5,998	14	83,972			
B_1	D_{22}	5,998	16	95,968			
소 계				374,000	3.04	1.137	1,136.96
D_1	D_{19}	7,150	39	278,850			
소 계				278,850	2.25	0.627	627.4125
S_2	D_{16}	6,280	37	232,360			
소 계				232,360	1.56	0.362	362.482
D_2	D_{13}	6,478	25	161,950			
C_1	D_{13}	1,200	50	60,000			
C_2	D_{13}	408	28	11,424			
소 계				233,374	0.995	0.232	232.207
합 계						2.358	2,359.062

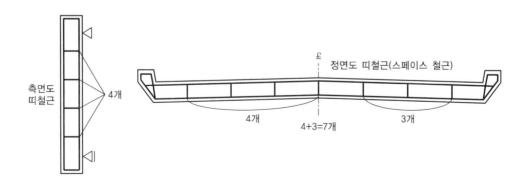

Chapter 04

도로교 하부 구조물

01 T형 교각

주어진 T형 교각(도로교 하부구조)의 정면도, 철근 상세도, 측면도를 보고 다음 요구에 답하시오.

조건 주어진 도면과 물량산출 시 주의사항을 잘 읽고 다음 물량의 산출근거와 답을 주어진 답 안지에 기록하시오.

1. 물량산출

(1) 교각 구조물의 상판, 기둥 기초의 콘크리트량을 구분하여 구하시오.(소수 넷째자리에서 반올림)

(2) 교각 구조물의 상판, 기둥, 기초의 거푸집량을 구분하여 구하시오.(소수 넷째자리에서 반올림)

(3) 확대기초를 포함한 T자형 교각의 철근량 산출을 위한 철근표를 작성하시오.(단, 철근이음은 계산 하지 않으며, 철근의 단위중량은 $D_{13} = 0.995 kg/m$, $D_{16} = 1.56 kg/m$, $D_{29} = 5.04 kg/m$, $D_{32} = 6.23 kg/m$)

2. 철근의 배근 간격

(1) B_1, B_2, J 철근은 각각 140mm 간격으로 배근한다.

(2) F 철근은 150mm 간격으로 배근한다.

(3) G 철근은 200mm 간격으로 배근한다.

1 콘크리트량

(1) 상판 콘크리트량

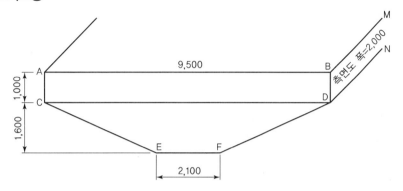

① $A_1 = \square$ ABCD면적 $= 9.5 \times 1 = 9.5 \text{m}^2$

② $A_2 = \underline{\qquad}$ CDEF면적 $= (9.5 + 2.1) \times 1.6 \times \dfrac{1}{2} = 9.28 \text{m}^2$

③ 계 : 18.78m^2

∴ 상판 콘크리트량 $= (A_1 + A_2) \times$ 교각 상판 측면도 폭

$= (9.5 + 9.28) \times \overline{BM}$

$= 18.78 \times 2 = 37.56 \text{m}^3$

(2) 기둥 콘크리트량

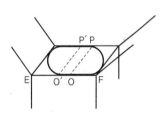

① 기둥 면적 =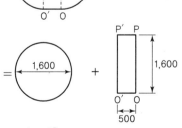

$= \dfrac{\pi(1.6)^2}{4} + (0.5 \times 1.6) = 2.8096 \text{m}^2$

② 기둥 콘크리트량 = 기둥면적 × 기둥길이

$= 2.8096 \times \overline{EG}$

$= 2.8096 \times 2.4$

$= 6.743 \text{m}^3$

(3) 확대기초 콘크리트량

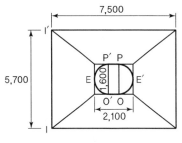

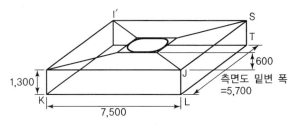

위에서 본 모습

① 도형공식을 사용했을 때 확대기초 콘크리트량

> ☞ 도형공식 $V_1 = \dfrac{h}{6}\{(2a+a')b+(2a'+a)b'\}$

여기서, a : 2.1, b : 1.6, a' : 7.5, b' : 5.7

∴ 확대기초 콘크리트량 $= V_1 + V_2$

$$= \frac{0.6}{6}\{(2\times\overline{EF'}+\overline{IJ})\overline{OP}+(2\times\overline{IJ}+\overline{EF})\overline{SJ}\}$$

$$+\{\square IJKL면적\times\overline{JS}(폭)\}$$

$$= \frac{0.6}{6}\{(2\times2.1+7.5)\times1.6+(2\times7.5+2.1)\times5.7\}$$

$$+(7.5\times5.7)\times1.3$$

$$= 67.194\text{m}^3$$

② 의사공식을 사용했을 때 확대기초 콘크리트량

> ☞ 의사공식 $V_1 = \dfrac{h}{3}\left(A_1+\sqrt{A_1 A_2}+A_2\right)$

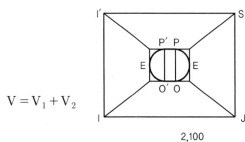

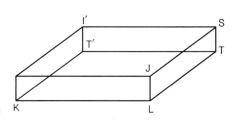

$V = V_1 + V_2$

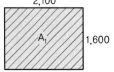

- $A_1 = 2.1\times1.6 = 3.36\text{m}^2$

- $A_2 = \boxed{}\overline{I'SJI}$ 면적

  $= 7.5\times5.7 = 42.75\text{m}^2$

$$\bullet \ V_1 = \frac{0.6}{3}\left(3.36 + \sqrt{3.36 \times 42.75} + 42.75\right) = 11.619\text{m}^2$$

$$\therefore \ \text{확대기초 콘크리트량} = V_1 + V_2 = 11.619 + \{\boxed{}\overline{\text{IJKL}} \text{ 면적} \times \overline{\text{JS}}\,(\text{폭})\}$$
$$= 11.619 + (7.5 \times 5.7) \times 1.3 = 67.194\text{m}^3$$

③ 평균 단면적공식을 사용했을 때 확대기초 콘크리트량

☞ 평균 단면적공식 $V_1 = \dfrac{A_1 + A_2}{2}h$

$$\bullet \ V_1 = \frac{42.75 + 2.8096}{2} \times 0.6 = 13.668\text{m}^2$$

$$\therefore \ \text{확대기초 콘크리트량} = V_1 + V_2$$
$$= 13.668 + \{\boxed{}\overline{\text{IJKL}} \text{ 면적} \times \overline{\text{JS}}\,(\text{폭})\}$$
$$= 13.668 + (7.5 \times 5.7) \times 1.3$$
$$= 69.243\text{m}^3$$

② 거푸집량

(1) 상판 거푸집량

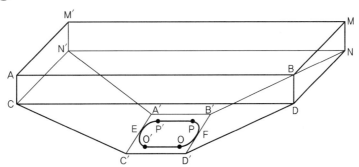

① $A_1 = \overline{\text{AC}} \times \overline{\text{AM}'} + \overline{\text{BD}} \times \overline{\text{BM}} = (1 \times 2) + (1 \times 2) = 4\text{m}^2$

② $A_2 = \boxed{}\overline{\text{ABCD}} + \square\,\overline{\text{M}'\text{MNN}'}$
$\quad = (9.5 \times 1) + (9.5 \times 1)$
$\quad = (9.5 \times 1) \times 2 = 19\text{m}^2$

③ $A_3 = \overline{\text{CDC}'\text{D}'} + \overline{\text{N}'\text{NA}'\text{B}}$
$\quad = \left\{(9.5 + 2.1) \times 1.6 \times \dfrac{1}{2}\right\} \times 2 = 18.56\text{m}^2$

④ $A_4 = \overline{\text{CC}'} \times \overline{\text{CN}'} \times \overline{\text{DD}'} \times \overline{\text{DN}'}$
$\quad = \left\{\sqrt{(1.6)^2 + (3.7)^2} \times 2\right\} \times 2 = 16.1245\text{m}^2$

⑤ $A_5 = $ 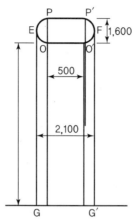（hatched rectangle）$\overline{A'B'D'C'} - E$（hatched rounded, P', P, O', O）F

$= (2 \times 2.1) - 기둥면적 = (2 \times 2.1) - 2.8106 = 1.3894\text{m}^2$

∴ 상판 거푸집량 $= A_1 \sim A_5 = 59.074\text{m}^2$

(2) 기둥 거푸집량

∴ 기둥 거푸집량 $= (\overline{PP'} + OO'E \left(\begin{smallmatrix} P' & P \\ & \\ O' & O \end{smallmatrix} \right) F) \times \overline{EG}$ (기둥길이)

$$= \left[0.5 + 0.5 + \frac{\left(2 \times \pi \times \dfrac{1.6}{2}\right)}{2} + \frac{\left(2 \times \pi \times \dfrac{1.6}{2}\right)}{2} \right] \times 2.4$$

$$= 14.4576\text{m}^2$$

(3) 확대기초 거푸집량

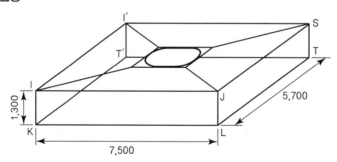

① $A_1 = \overline{IK} \times \overline{II'} = 1.3 \times 5.7$

② $A_2 = \overline{JL} \times \overline{JS} = 1.3 \times 7.5$

③ $A_3 = \overline{IK} \times \overline{IJ} = 1.3 \times 7.5$

④ $A_4 = \overline{I'T'} \times \overline{I'S} = 1.3 \times 5.7$

∴ 확대기초 거푸집량 $= A_1 \sim A_4 = 34.32\text{m}^2$

3 철근수량 및 철근표 작성

(1) B_1 철근수량(단면 5－5 참고)

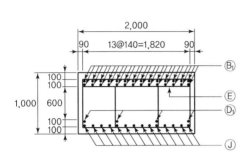

단면 5－5

$B_1 = $ 간격수$+1$

$\quad = 13+1 = 14$개

그림에서 B_1 철근은 상하대칭으로 배근되므로

$\therefore \ B_1 = 14 \times 2 = 28$개

(2) J, B_2 철근수량(단면 6－6 참고)

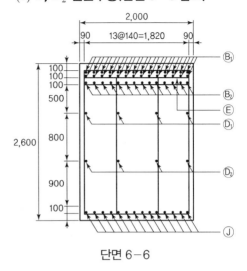

단면 6－6

$B_2 = $ 간격수$+1$

$\quad = 13+1 = 14$개

$J = $ 간격수$+1$

$\quad = 13+1 = 14$개

(3) F 철근수량(측면도 하단참고)

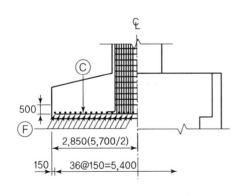

$F = $ 간격수$+1 = 36+1 = 37$개

(4) G 철근수량(정면도 하단참고)

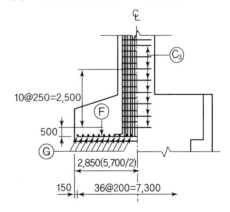

$G = $ 간격수$+1 = 36+1 = 37$개

(5) D_1 철근수량(단면 6-6 참고)

(6) E 철근수량(문제도면 정면도 참고)

2-2 철근배근도, 3-3 철근배근도의
철근간격을 보고 수량을 파악

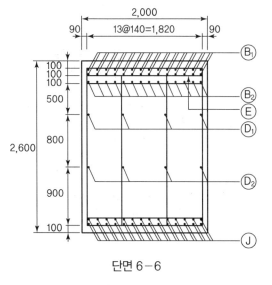

단면 6-6

$\therefore D_1 = 4$개

$D_2 = 4$개

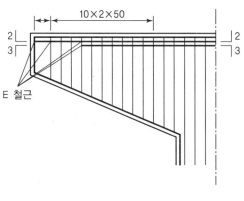

정면도

➜ 문제에 따라 $\mathcal{L}$ 에
점철근이 없는
도면도 있다.

$E = \boxed{17 + 13} = 30$

➜ • 2-2 단면에서 9개×좌우 − 기준 축($\mathcal{L}$) = 17개
• 3-3 단면에서 7개×좌우 − 기준 축($\mathcal{L}$) = 13개

(7) C_1 철근수량

정면도 그림에서 점으로 표시되어 있는 철근이 C_1 에 해당

철근수 = 총 42개

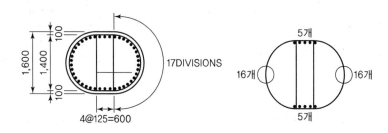

(8) C_3 **철근수량(측면도 참고)**

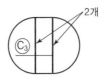

$$C_3 = 12 \times (정면도 \ 그림) = 24개$$

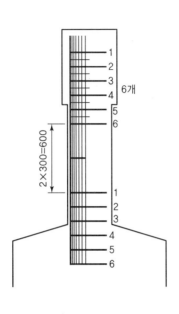

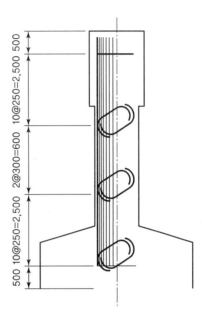

측면도

(9) C_2 **철근수량(측면도 참고)**

$$C_2 = 간격수 + 1$$
$$= (10 + 2 + 10) + 1 = 23개$$

그러나 철근 상세도에서 2개씩 배치되므로

$$C_2 = 23 \times 2 = 46개$$

(10) S_1 철근수량(정면도에서 단면 1-1 배근 도면 참고)

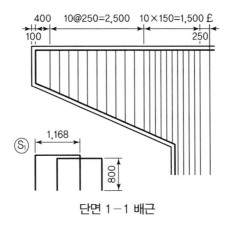

단면 1-1 배근

$S_1 = \{(간격수+1)\times 좌, 우 대칭\} - 1$

$\quad = \{(22+1)\times 2\} - 1 = 45$

그러나, 철근상세도에서 ⊓⊔ 2개씩 배치되므로

$\quad S_1 = 45 \times 2 = 90개$

(11) S_2 철근수량

$S_1 = S_2 = 90개$

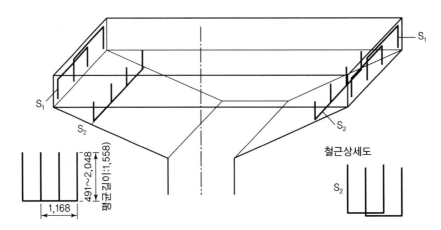

철근상세도

(12) **철근표**

기호	철근 직경(D)	본당 길이(mm)	수량	총길이 (mm)	단위중량 (kg/m)	총중량(t)
F	D_{32}	7,200	37	266,400		
B_1	D_{32}	9,300	28	260,400		
B_2	D_{32}	7,000	14	98,000		
J	D_{32}	9,640	14	134,960		
C_1	D_{32}	7,303	42	306,726		
소　계				1,066,486	6.23	6.644
G	D_{29}	5,400	37	199,800		
소　계				199,800	5.04	1.007
D_1	D_{16}	9,300	4	37,200		
D_2	D_{16}	6,000	4	24,000		
E	D_{16}	1,850	30	55,500		
S_1	D_{16}	2,768	90	249,120		
S_2	D_{16}	4,284	90	385,560		
C_3	D_{16}	1,617	24	38,808		
소　계				790,188	1.56	1.2327
C_2	D_{13}	3,081	46	141,726		
소　계				141,726	0.995	0.141
합　계						9.025

SECTION 02 반중력교대

반중력형 교대의 단면도, 철근상세도, 주철근조립도 및 일반도를 보고 다음 요구에 답하시오.

조건 주어진 도면과 물량산출 시 주의사항을 잘 읽고 다음 물량의 산출근거와 답을 주어진 답안지에 기록하시오.

1. 물량산출

(1) 반중력형 교대의 폭이 10m의 기초, 흉벽, 구체의 콘크리트량을 구분하여 구하시오.

(2) 반중력형 교대의 폭이 10m인 흉벽, 구체의 거푸집량을 구분하여 구하시오.

(3) 반중력형 교대의 폭이 10m인 것으로 철근량을 구한 철근표를 완성하시오.(단, 철근의 이음은 계산하지 않으며 철근의 단위 중량은 $D_{13} = 0.995kg/m$, $D_{19} = 2.25kg/m$, $D_{22} = 3.04kg/m^2$, $D_{25} = 3.98kg/m^2$)

2. 물량산출 시 주의사항

(1) 콘크리트량과 거푸집량은 소수점 넷째자리에서 반올림하고, 철근 수량은 소수점 셋째자리, 철근 길이는 소수점 넷째자리에서 반올림하시오.

(2) 물량을 산출할 때 할증률은 무시한다.

3. 철근의 배근 간격

(1) A_1, A_3, A_7 철근은 피복두께가 좌우로 각 200mm이며, 각 200mm 간격으로 배근한다.

(2) A_2, A_4, A_8 각 300mm 간격으로 배근한다.

(3) S_1, S_2, A_6 철근은 200mm 간격으로 배근한다.

(4) A_5 철근은 피복두께가 좌우로 200mm이며 150mm 간격으로 배근한다.

해설

1 콘크리트량

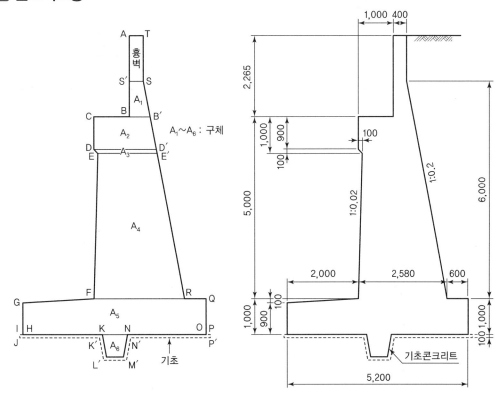

(1) 기초 콘크리트량

$$
기초\ 콘크리트량 = \left(\begin{array}{c} \text{I} \boxed{} \text{P} \\ \text{J} \qquad \text{P}' \end{array} + \overset{0.1+0.7+0.1=0.9}{\overset{\text{K}'\ \ \text{N}'}{\underset{\text{L}'\ \ \text{M}'}{\triangledown}}} - \overset{\text{K}\ \ \text{N}}{\underset{\text{L}\ \ \text{M}}{\triangledown}} \right) \times 교대\ 폭
$$

$$
0.1+0.5+0.1=0.7
$$

$$
= \left((5.4 \times 0.1) + \boxed{(0.9} + 0.7) \times 0.6 \times \frac{1}{2} - (0.7 + 0.5) \times 0.6 \times \frac{1}{2} \right) \times 10
$$

$$
= 6.6\mathrm{m}^3 \qquad \longrightarrow 100 + 500 + 100 = 700
$$

$$
100 + 700 + 100 = 900
$$

(2) 흉벽 콘크리트량

$$
= \boxed{\begin{array}{c} \text{A}\quad\text{T} \\ \ \\ \text{S}'\quad\text{S} \end{array}} \times 교대\ 폭
$$

$$
= (\boxed{1.265} \times 0.4) \times 10 = 5.06\mathrm{m}^3
$$

$$
\longrightarrow 여기서,\ 교대높이 - (6,000 + 1,000)
$$

$$
= (2,265 + 5,000 + 1,000) - (7,000)
$$

$$
= 1,265
$$

(3) 구체 콘크리트량

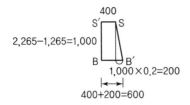

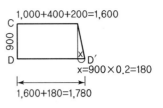

① $A_1 = (0.4 + 0.6) \times 1 \times \dfrac{1}{2} = 0.5 \mathrm{m}^2$

② $A_2 = \dfrac{(1.78 + 1.6)}{2} \times 0.9 = 1.521 \mathrm{m}^2$

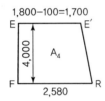

③ $A_3 = \dfrac{1.78 + 1.7}{2} \times 0.1 = 0.174 \mathrm{m}^2$

④ $A_4 = (1.7 + 2.58) \times 4 \times \dfrac{1}{2} = 8.56 \mathrm{m}^2$

⑤ $A_5 = (5.2 \times 1) - (2.0 \times 0.1 \times \dfrac{1}{2}) = 5.1 \mathrm{m}^2$

⑥ $A_6 = (0.7 + 0.5) \times 0.6 \times \dfrac{1}{2} = 0.36 \mathrm{m}^2$

$$\therefore \text{구체콘크리트량} = (A_1 \sim A_6) \times \text{폭}$$
$$= 16.215 \times 10$$
$$= 162.15 \mathrm{m}^3$$

2 거푸집량

(1) 흉벽 거푸집량

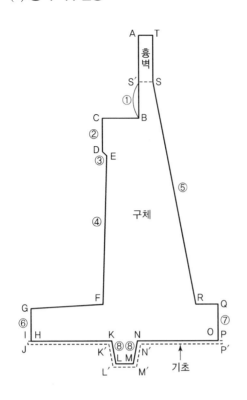
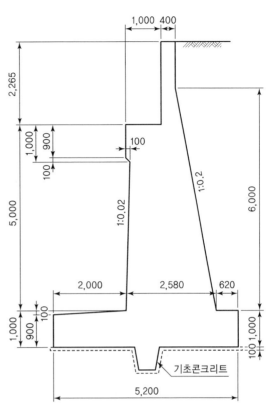

① $A_1 = (\overline{TS} \times 교대폭) + (\overline{AS'} \times 교대폭)$
   $= (1.265 \times 10) \times 2 = 25.3 m^2$

② $A_2 = 흉벽 마구리면 거푸집량$

$$= \overset{A \qquad T}{\underset{S' \qquad S}{\boxed{}1.265}} \times (앞, 뒤)$$

$= (1.265 \times 0.4) \times 2 = 1.012 m^2$

∴ 흉벽 거푸집량 $= A_1 + A_2 = 26.312 m^2$

(2) 구체 거푸집량

① $A_1 = \overline{S'B} \times 교대폭 = (2.265 - 1.265) \times 10 = 10 m^2$

② $A_2 = \overline{CD} \times 교대폭 = 0.9 \times 10 = 9 m^2$

③ $A_3 = \overline{DE} \times 교대폭 = \sqrt{(0.1)^2 + (0.1)^2} \times 10 = 1.414 m^2$

④ $A_4 = \overline{EF} \times 교대폭 = \sqrt{4^2 + (0.08)^2} \times 10 = 40.01 m^2$

⑤ $A_5 = \overline{SR} \times 교대폭 = \sqrt{6^2 + (1.2)^2} \times 10 = 61.188\text{m}^2$

⑥ $A_6 = \overline{GH} \times 교대폭 = 0.9 \times 10 = 9\text{m}^2$

⑦ $A_7 = \overline{QP} \times 교대폭 = 1 \times 10 = 10\text{m}^2$

⑧ $A_8 = (\overline{KL} \times 교대폭) + (\overline{MN} \times 교대폭)$
$$= \left(\sqrt{(0.6)^2 + (0.1)^2} \times 2\right) \times 10 = 12.165\text{m}^2$$

⑨ $A_9 = 구체 마구리면 거푸집량 = (구체 면적) \times 2 = 16.215 \times 2 = 32.43\text{m}^2$

$\therefore$ 구체 거푸집량 $= A_1 \sim A_9 = 185.207\text{m}^2$

➤ **참고**

> 기초 거푸집량 $= (\overline{IJ} \times 교대폭) + (\overline{PP'} \times 교대폭)$
> $$= (0.1 \times 10) \times 2 = 2\text{m}^2$$

③ 철근 수량 및 철근표 작성

(1) 철근 수량

① A_5 : 문제 조건에서 피복두께가 200mm이며 150mm 간격 배근이므로

$\therefore A_5$ 철근의 수량 = 간격수 + 1 = $\left(\dfrac{교대폭 - (피복두께 \times 2)}{간격}\right) + 1$

$$= \left(\dfrac{10 - (0.2 \times 2)}{0.15}\right) + 1 = 65개$$

② $A_3 = A_1 = A_7 = S_2$: 문제조건에서 피복두께가 좌, 우 200mm이며 200mm 간격 배근이므로

$\therefore A_3 = A_1 = A_7 = S_2$: 철근수량 = 간격수 + 1 = $\left(\dfrac{교대폭 - (피복두께 \times 2)}{간격}\right) + 1$

$$= \left(\dfrac{10 - (0.2 \times 2)}{0.2}\right) + 1 = 49개$$

③ A_2 : 흉벽 부분에 있는 점으로 표시되어 있는 철근으로

➡ 철근수량 $A_2 = 19$

A_4 : 구체 부분에 있는 점으로 표시되어 있는 철근으로

➡ 철근수량 $A_4 = 24$

A_6 : 구체 하단에 있는 점으로 표시되어 있는 철근으로

➡ 철근수량 $A_6 = 15$

A_8 : 기초 부분에 있는 점으로 표시되어 있는 철근으로

➡ 철근수량 $A_8 = 8$

S_1 : 구체 부분에 있는 점으로 표시되어 있는 철근으로

➡ 철근수량 $S_1 = 5$

(2) 철근표

기호	철근 직경(D)	본당길이 (mm)	수량	총길이 (mm)	단위중량 (kg/m)	총중량(t)
A_5	D_{25}	2,850	65	185,250		
소 계				185,250	3.98	0.737
A_3	D_{22}	7,343	49	359,807		
A_6	D_{22}	9,600	15	144,000		
소 계				503,807	3.04	1.532
A_4	D_{19}	9,600	24	230,400		
소 계				230,400	2.25	0.518
A_1	D_{13}	5,670	49	277,830		
A_2	D_{13}	9,600	19	182,400		
A_7	D_{13}	2,190	49	107,310		
A_8	D_{13}	9,600	8	76,800		
S_1	D_{13}	9,600	5	48,000		
S_2	D_{13}	800	49	39,200		
소 계				731,540	0.995	0.728
합 계						3.515

SECTION 03 역 T형 교대

역 T형 교대(길이 10.5m)의 단면도, 철근 상세도, 주철근 조립도 및 일반도를 보고 다음 요구에 답하시오.

조건 주어진 도면과 물량산출 시 주의사항을 잘 읽고 다음 물량의 산출근거와 답을 주어진 답안지에 기록하시오.

1. 물량산출

(1) 교대구조의 10.5m당 콘크리트량을 구하시오.

(2) 교대구조의 10.5m당 거푸집량을 구하시오.

(3) 교대구조의 10.5m당 철근 물량표를 완성하시오.

2. 물량산출 시 주의사항

(1) 콘크리트량과 거푸집량은 소수점 넷째자리에서 반올림하고, 철근 수량은 소수점 셋째자리, 철근 길이는 소수점 넷째자리에서 반올림하시오.

(2) 거푸집량은 경사가 45° 이상인 부분만 산출한다.

(3) 물량을 산출할 때 할증률은 무시한다.

(4) 물량 산출 답안지는 도면 작도에 앞서 제한시간 이내에 산출하여야 한다. 또한, 답안지는 볼펜이나 만년필을 사용하여 작성한다.

3. 철근의 배근 간격

(1) A_1, A_4, P_1, F_1, F_2, F_3 철근은 각 125mm 간격으로 배근한다.(피복두께 25mm)

(2) A_2, P_2, F_4 철근은 각 250mm 간격으로 배근한다.(피복두께 25mm)

(3) F_5 철근은 150mm 간격으로 배근한다.

(4) A_3 철근은 앞면에서 300mm, 뒷면에서 150mm 간격으로 배근한다.

1 콘크리트량

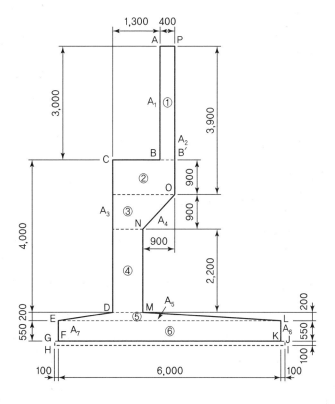

(1) **기초 콘크리트량** = □GHIJ면적×교대 길이

$$= (6.2 \times 0.1) \times 10.5 = 6.51 m^3$$

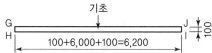

기초

G
H   100+6,000+100=6,200   I   100

(2) **구체 콘크리트량**

① $A_1 = 0.4 \times 3 = 1.2 m^2$

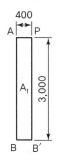

② $A_2 = 0.9 \times 1.7 = 1.53 m^2$

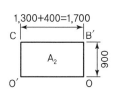

③ $A_3 = (1.7 + 0.8) \times 0.9 \times \dfrac{1}{2} = 1.125 \text{m}^2$ ④ $A_4 = 2.2 \times 0.8 = 1.76 \text{m}^2$

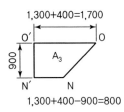

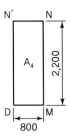

⑤ $A_5 = (0.8 + 6) \times 0.2 \times \dfrac{1}{2} = 0.68 \text{m}^2$ ⑥ $A_6 = 6 \times 0.55 = 3.3 \text{m}^2$

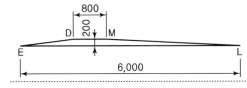

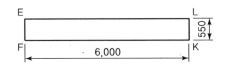

계 : 9.959m^2

∴ 구체 콘크리트량 $V = A_1 \sim A_6 \times$ 교대길이 $= 9.595 \times 10.3 = 98.8285 \text{m}^3$

> **참고**

교대의 길이는 10.5m이나 단부
의 기초 콘크리트 0.1m씩을 양
쪽에서 빼면 교대의 구체길이
는 10.3m가 된다. 따라서 도면
작도 시에도 10.3m로 보고 그
려야 한다.

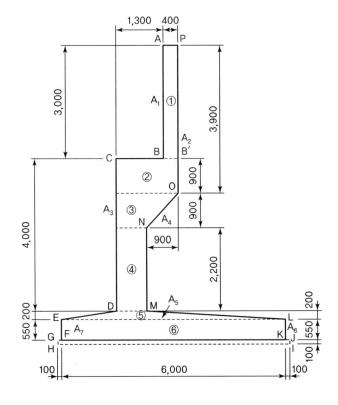

② 거푸집량

(1) 구체 거푸집량

① $A_1 = \overline{AB} \times 교대길이 = 3 \times 10.3 = 30.9 \text{m}^2$

② $A_2 = \overline{PO} \times 교대길이 = 3.9 \times 10.3 = 40.17 \text{m}^2$

③ $A_3 = \overline{CD} \times 교대길이 = 4 \times 10.3 = 41.2 \text{m}^2$

④ $A_4 = \overline{ON} \times 교대길이 = \sqrt{(0.9)^2 + (0.9)^2} \times 10.3 = 13.1098 \text{m}^2$

⑤ $A_5 = \overline{NM} \times 교대길이 = 2.2 \times 10.3 = 22.66 \text{m}^2$

⑥ $A_6 = \overline{LK} \times 교대길이 = 0.55 \times 10.3 = 5.665 \text{m}^2$

⑦ $A_7 = \overline{EF} \times 교대길이 = 0.55 \times 10.3 = 5.665 \text{m}^2$

계 : 159.370m^2

∴ 구체 거푸집량 $= 159.370 \text{m}^2$

(2) 기초 거푸집량

기초 거푸집량 $= (\overline{JI} \times 교대길이) + (\overline{GH} \times 교대길이) = (0.1 \times 10.5) \times 2 = 2.1 \text{m}^2$

마구리면을 고려한 거푸집량 $=$ (구체 콘크리트 면적$\times$앞, 뒤) $+$ (기초 콘크리트 면적$\times$앞, 뒤)

$\qquad = (9.595 \times 2) + (0.62 \times 2) = 20.43 \text{m}^2$ (여기서, $0.62 = 6.2 \times 0.1$)

∴ 총 거푸집량 $=$ 기초 거푸집량 $+$ 구체 거푸집량 $+$ 마구리면 거푸집량

$\qquad = 2.1 + 159.369 + 20.43 = 181.899 \text{m}^2$

③ 철근 수량 철근표 작성

(1) A_1 철근수량 $= \dfrac{교대폭 - 피복두께 \times 2}{간격} + 1 = \dfrac{10.3 - (0.025 \times 2)}{0.125} + 1 = 83$

(2) A_2 철근수량 $= \dfrac{교대폭 - 피복두께 \times 2}{간격} + 1 = \dfrac{10.3 - (0.025 \times 2)}{0.25} + 1 = 42$

(3) P_1 철근수량 $= \dfrac{교대폭 - 피복두께 \times 2}{간격} + 1 = \dfrac{10.3 - (0.025 \times 2)}{0.125} + 1 = 83$

(4) A_4 철근수량 $= \dfrac{교대폭 - 피복두께 \times 2}{간격} + 1 = \dfrac{10.3 - (0.025 \times 2)}{0.125} + 1 = 83$

(5) F_1 철근수량 $= \dfrac{교대폭 - 피복두께 \times 2}{간격} + 1 = \dfrac{10.3 - (0.025 \times 2)}{0.125} + 1 = 83$

(6) F_2 철근수량 $= \dfrac{교대폭 - 피복두께 \times 2}{간격} + 1 = \dfrac{10.3 - (0.025 \times 2)}{0.125} + 1 = 83$

(7) F_3 철근수량 $= \dfrac{교대폭 - 피복두께 \times 2}{간격} + 1 = \dfrac{10.3 - (0.025 \times 2)}{0.125} + 1 = 83$

(8) F_4 철근수량 $= \dfrac{교대폭 - 피복두께 \times 2}{간격} + 1 = \dfrac{10.3 - (0.025 \times 2)}{0.25} + 1 = 42$

$$F_4 = A_2 = \frac{10.3 - (0.025 \times 2)}{0.25} + 1 = 42$$

$$A_1 = P_1 = A_4 = F_1 = F_2 = \frac{10.3 - (0.025 \times 2)}{0.125} + 1 = 83$$

(9) P_2 철근수량 : $\overline{AB}$와 $\overline{PB'}$ 사이에 있는 점으로 표시되어 있는 철근으로

➡ $P_2 = 24$

(10) A_5 철근수량 : $\overline{CB'}$와 $\overline{B'O}$와 $\overline{ON}$ 사이에 있는 점으로 표시되어 있는 철근으로

➡ $A_5 = 10 + 6 + 5 = 21$개 (그림 (a))

(11) A_3 철근수량 : $\overline{CD}$와 $\overline{NM}$ 사이에 있는 점으로 표시되어 있는 철근으로

➡ $\underset{\text{전면}}{\underline{(13+1)}} + \underset{\text{후면}}{\underline{\left(\dfrac{2.2\text{m}}{0.15} + 1\right)}} = 30$개(그림 (b))

(12) F_6 철근수량 : $\overline{ED}$와 $\overline{ML}$ 사이에 있는 점으로 표시되어 있는 철근으로

⇨ $F_6 = 30$ (그림 (c))

(13) F_5 철근수량 : $\overline{FK}$ 사이에 있는 점으로 표시되어 있는 철근으로

⇨ $F_5 = 40$ (그림 (d))

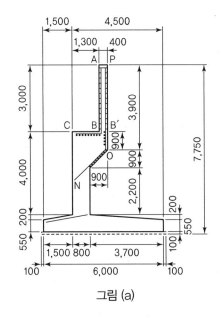

그림 (a)

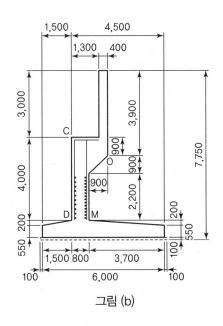

그림 (b)

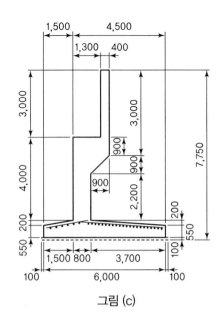

그림 (c)

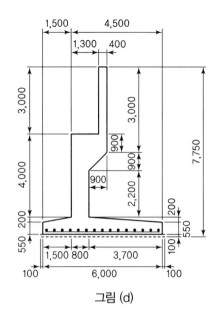

그림 (d)

(14) S 철근수량

① S_1 철근수량 $= \dfrac{\text{교대길이}}{A_2 \text{ 철근간격} \times 2} \times S_1$ 철근수 $= \dfrac{10.3}{0.25 \times 2} \times 7 = 144.2$개

② S_2 철근수량 $= \dfrac{\text{교대길이}}{P_1 \text{ 철근간격} \times 2} \times S_2$ 철근수 $= \dfrac{10.3}{0.125 \times 2} \times 6 = 247.2$개

③ S_{3-1} 철근수량 $= \dfrac{\text{교대길이}}{F_4 \text{ 철근간격} \times 2} \times S_{3-1}$ 철근수 $= \dfrac{10.3}{0.25 \times 2} \times 1 = 20.6$개

④ S_{3-2} 철근수량 $= \dfrac{\text{교대길이}}{F_4 \text{ 철근간격} \times 2} \times S_{3-2}$ 철근수 $= \dfrac{10.3}{0.25 \times 2} \times 1 = 20.6$개

⑤ S_{3-3} 철근수량 $= \dfrac{\text{교대길이}}{F_4 \text{ 철근간격} \times 2} \times S_{3-3}$ 철근수 $= \dfrac{10.3}{0.25 \times 2} \times 1 = 20.6$개

⑥ S_{3-4} 철근수량 $= \dfrac{\text{교대길이}}{F_4 \text{ 철근간격} \times 2} \times S_{3-4}$ 철근수 $= \dfrac{10.3}{0.25 \times 2} \times 1 = 20.6$개

⑦ S_{3-5} 철근수량 $= \dfrac{\text{교대길이}}{F_4 \text{ 철근간격} \times 2} \times S_{3-5}$ 철근수 $= \dfrac{10.3}{0.25 \times 2} \times 1 = 20.6$개

⑧ S_{3-6} 철근수량 $= \dfrac{\text{교대길이}}{F_4 \text{ 철근간격} \times 2} \times S_{3-6}$ 철근수 $= \dfrac{10.3}{0.25 \times 2} \times 1 = 20.6$개

⑨ S_{3-7} 철근수량 $= \dfrac{\text{교대길이}}{F_4 \text{ 철근간격} \times 2} \times S_{3-7}$ 철근수 $= \dfrac{10.3}{0.25 \times 2} \times 1 = 20.6$개

기호	철근직경(D)	본당길이(mm)	수량	총길이(mm)	비고
A_1	D_{29}	4,935	83	409,605	
A_2	D_{29}	4,935	42	207,270	
A_3	D_{22}	10,170	30	305,100	
A_4	D_{16}	4,773	83	396,159	
A_5	D_{13}	10,170	21	313,570	
P_1	D_{16}	3,770	83	312,910	
P_2	D_{16}	10,170	24	244,080	
F_1	D_{25}	4,655	83	386,365	
F_2	D_{19}	4,571	83	379,393	
F_3	D_{25}	2,455	83	203,765	
F_4	D_{19}	2,384	42	100,128	
F_5	D_{19}	10,170	40	406,800	
F_6	D_{16}	10,170	30	305,100	
S_1	D_{13}	784	144.2	113,052.8	
S_2	D_{13}	409	247.2	101,104.8	
S_{3-7}	D_{13}	1,556	20.6	32,053.6	
S_{3-6}	D_{13}	1,716	20.6	35,349.6	
S_{3-5}	D_{13}	1,626	20.6	33,495.6	
S_{3-4}	D_{13}	1,562	20.6	32,177.2	
S_{3-3}	D_{13}	1,498	20.6	30,858.8	
S_{3-2}	D_{13}	1,434	20.6	29,540.4	
S_{3-1}	D_{13}	1,370	20.6	28,222	